Kommission für Allgemeine und Vergleichende Archäologie
des Deutschen Archäologischen Instituts Bonn

AVA-Materialien

Band 30

Materialien zur
Allgemeinen und Vergleichenden Archäologie

Band 30

Neolithisch-kupferzeitliche Siedlungen in der Geoksjur-Oase, Süd-Turkmenistan

Nach den Arbeiten von I. N. Chlopin und V. I. Sarianidi

dargestellt von
Hermann Müller-Karpe

Verlag C. H. Beck · München 1984

Mit zahlreichen Abbildungen

ISSN 0176-7496
ISBN 3-406 30827 9

© Kommission für Allgemeine und Vergleichende Archäologie
des Deutschen Archäologischen Instituts Bonn 1984
Gesamtherstellung: Köllen Druck & Verlag GmbH, 5305 Bonn-Oedekoven
Printed in Germany

Inhalt

Einleitung 7
Zeitstellung 31
Befestigungsanlagen 42
Form und Bauweise der Häuser 44
Wirtschaftliche Verhältnisse 54
    Ernährungswirtschaft 54
    Güterherstellung 59
Soziale Verhältnisse 65
Bestattungen 68
Kultische Anlagen und Befunde 72
Gesamtcharakter der Siedlungen in der Geoksjur-Oase 85

Einleitung

Etwa 200 km ostsüdöstlich von Ašchabad, dicht östlich der Stadt Tedžen, inmitten eines heute völlig ariden Gebietes, liegen in einem 25×17 km großen Bezirk neun Hügel, die als neolithisch-kupferzeitliche Siedlungsplätze erwiesen wurden (Abb. 1). In den Jahren 1956—1963 fanden hier Ausgrabungen des Leningrader Archäologischen Institutes unter Leitung von V.M. Masson durch V.I. Sarianidi und I.N. Chlopin statt.* Es handelt sich dabei im einzelnen um folgende Tells: *Dašlydži-Tepe* (Geoksjur 8), wo drei Baustufen auf einer Fläche von 500 qm untersucht wurden (Chlopin 1961), *Jalangač-Tepe* (Geoksjur 3), wo zwei Baustufen auf einer Fläche von 700 qm erfaßt wurden (Chlopin 1961; ders. 1963), *Mullali-Tepe* (Geoksjur 4), wo die oberste Besiedlungsschicht auf einer Fläche von 2000 qm untersucht wurde, *Akča-Tepe* (Geoksjur 2), wo von der obersten Besiedlungsschicht ein Ausschnitt von 400 qm erfaßt wurde (Sarianidi 1962), *Ajna-Tepe* (Geoksjur 6), wo die beiden oberen Bauschichten auf einer Fläche von 800 qm, eine dritte Bauschicht in kleinerem Umfang freigelegt wurden, *Geoksjur-Tepe 1*, wo zwei Flächen von zusammen mehr als 1500 qm ausgegraben sowie ein stratigraphischer Schnitt angelegt wurde (Sarianidi 1961; ders. 1962), *Geoksjur-Tepe 7*, wo die oberste Siedlungsschicht auf einer Fläche von 200 qm erfaßt wurde, *Geoksjur-Tepe 9*, wo die oberste Siedlungsschicht auf einer Fläche von 900 qm untersucht wurde, und *Čong-Tepe* (Geoksjur 5), wo die oberste Siedlungsschicht auf einer Fläche von 500 qm freigelegt sowie ein stratigraphischer Schnitt angelegt wurde (Adykov/Masson 1960; Sarianidi 1962).

Die angeführten, im folgenden behandelten Siedlungsschichten gehören den Zeitstufen Namazga I bis III an, die in der sowjetischen Forschung als äneolithisch oder als kupferzeitlich bezeichnet werden.

Ihren *Namen* hat die Tellgruppe von dem größten dieser Hügel, Geoksjur (1) (Höhe 10 m, Fläche 12 ha), was soviel bedeutet wie „Grüner und Langer"; danach wurde zunächst die nahe davon gelegene Eisenbahnstation und dann die Tellgruppe als Ganzes benannt.

---

* Für die folgende Darstellung konnte ich mich auf Übersetzungen von A. von Schebek stützen, für die ich diesem danken möchte.

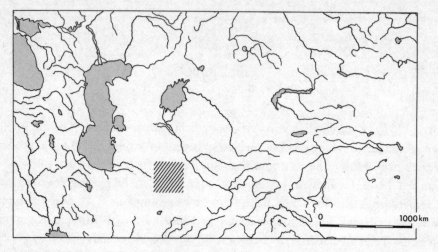

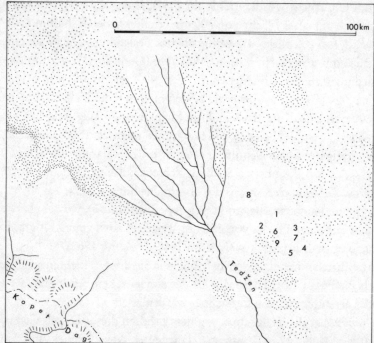

Abb. 1. Lage der hier behandelten Siedlungshügel 1—9 der Geoksjur-Oase, Turkmenistan (1 Geoksjur-Tepe 1; 2 Akča-Tepe; 3 Jalangač-Tepe; 4 Mullali-Tepe; 5 Čong-Tepe; 6 Ajna-Tepe; 7 Geoksjur-Tepe 7; 8 Dašlydži-Tepe; 9 Geoksjur-Tepe 9).

Die Landschaft: Heute ist die Gegend völlig wasserlos. Während des Bestehens dieser Siedlungen herrschten indes andere Verhältnisse. Die Siedlungen gehörten zum östlichen Teil des alten Deltas des Tedžen-Flusses, dessen fächerförmiges Mündungsbecken einst wesentlich weiter im Süden lag. Spuren alter Mündungsarme sind heute nur noch schwach erkennbar; sie verlaufen in SO-NW-Richtung. Die Siedlungen Mullali-Tepe und Čong-Tepe lagen ein bis eineinhalb Kilometer von einem breiten Deltaarm entfernt. Auch die Siedlungen Geoksjur 1 und Akča-Tepe standen in einer topographischen Verbindung zu Altwässern. Mehrere an verschiedenen Stellen quer durch die einstigen Flußbetten angelegte Suchschnitte zeigten, daß die Flußarme ziemlich tief (bis 2 m) waren; ihr Verlauf veränderte sich dauernd; bald füllten sie sich mit alluvialen Ablagerungen und versandeten, bald vertieften sie sich durch fließendes Wasser. Der Flußarm bei Mullali-Tepe und Čong-Tepe war breiter und reißender als die anderen. Das mit Hilfe von Luftaufnahmen und Flußbettschnitten erschließbare hydrographische Bild der Geoksjurer Oase bezieht sich auf die letzte Stufe dieser Siedlungsgruppe, d.h. auf die Geoksjurer Periode (s. S. 38). Die älteren (zur Jalangač-Stufe gehörigen) Strombetten sind unter mächtigen alluvialen Ablagerungen (0,8—1,0 m) begraben und konnten nur in Profilen ermittelt werden. Immerhin steht soviel fest, daß Wasserströme in dieser älteren Zeit etwa an den gleichen Stellen und in gleicher Richtung wie später flossen.

Spuren von mehreren alten Wasserläufen wurden auch im Bereich von Dašlydži-Tepe festgestellt, so daß dieser Tell sowie eventuell einige andere Siedlungen, die aufgrund von Scherbenkollektionen auf humusfreien Sanden erschlossen worden sind, in den Niederungen von damaligen Tedžener Deltaarmen lagen, wahrscheinlich auf kleinen Inseln alluvialen Ursprungs zwischen stehenden Gewässern, deren Ufer mit Auenwald, Schilf- und Rohrdickichten bewachsen und an Wild reich waren.

Die kurze Lebensdauer der Siedlungen im Nordteil der Oase und ihre Verlagerung an andere, südlichere Plätze dürfte mit Veränderungen im Wasserstand des Deltas zusammenhängen: das Wasser erreichte nicht mehr die nördlichen Siedlungsstellen.

Die südlicheren Siedlungen der Oase lagen am Mittellauf der Deltaarme. Wie die untersten Schichten von Jalangač-Tepe zeigen, haben sich die alluvialen Ablagerungen hier durch die vom schnellen Wasserstrom getragenen Sinkstoffe gebildet, womit sich das lange Bestehen der Siedlungen an dieser Stelle erklärt. Die Ufer der meisten Wasserläufe hatten anscheinend einen dürftigen Pflanzenbestand, bestehend aus Schilf, Rohr, Esche u. a. Verkohlte Schilfreste wurden bei Grabungen auf Mullali-Tepe und Blütenstaub anderer Pflanzen in den Flußablagerungen gefunden. Die Ufer größerer Wasserläufe wie die, an denen Mullali-Tepe und Čong-Tepe lagen, zeigten einen reicheren Baumbestand (Auenwald): Pappel, Ahorn, Birke und Tamariske. Vom Bestehen dieser Flora im Tedžen-Delta zeugt auch die Tierwelt: Buchara-Hirsch und Wildschwein, deren Knochen im osteologischen Material einiger Siedlungen angetroffen wurden. Diese sowie die Knochen von Halbesel und Gazellen ergänzen unsere Vorstellung von der Landschaft am Tedžen-Delta und deuten darauf hin, daß diese Steppen- und Halbsteppentiere der Bevölkerung als Jagdtiere dienten.

Das Wasser nahm während des Neolithikums und der Kupferzeit in der Geoksjurer Oase, im Nordwesten beginnend, allmählich ab. Dies war offensichtlich der Hauptgrund der Besiedlungsverlagerung. Der Auenwald verdorrte; die einstigen Felder wurden von einer humusfreien Erdkruste bedeckt; ein heißer Wüstenwind wehte trockenen Sand vor sich her. Mit dem schwindenden Wasser kam auch das Leben in der einst blühenden Oase zu einem Ende.

Die *Erforschung der Siedlungen:* Der Haupthügel *Geoksjur-Tepe 1* liegt 7 km südöstlich der Eisenbahnstation Geoksjur. Seine Größe und reichhaltige Lesefunde zogen seit langem die Aufmerksamkeit der Archäologen auf sich (S. A. Eršov, B. A. Kuftin, A. A. Maruščenko); planmäßige Forschungen setzten erst 1956 ein (Masson 1957; ders. 1959). Eine erste Untersuchungsfläche im mittleren Hügelteil legte einen Siedlungsausschnitt frei (Abb. 2), der den obersten Besiedlungshorizont kennzeichnete (Sarianidi 1959; ders. 1961). Im Jahre 1957 wurde die Grabungsfläche erweitert und ein stratigraphischer Schnitt angelegt, der zehn aufeinanderfolgende Bauhorizonte von der späten Namazga I- bis zur frühen Namazga III-Stufe ergab (Abb. 12; Sarianidi 1960). In einer Grabungsfläche im südlichen Teil des Hügels kamen für Süd-Turkmenistan erstmalig kuppelgewölbte Grabkammern zutage (Abb. 27). In den Jahren 1960—1962 wurden die Grabungen am Hügel in geringerem Umfang fortgesetzt, wobei ein Brennofen, wahrscheinlich für Keramik, einige Wohnstätten und Teile einer ausgedehnten Nekropole freigelegt wurden. Die Grabungskampagne 1963 brachte am Südwestrand der Siedlung Architekturreste zum Vorschein (Abb. 3), die älter als die Hauptsiedlung des Hügels zu sein scheinen.

Die weiter westlich gelegene Siedlung *Geoksjur-Tepe 2 (Akča-Tepe)* ist ein im Grundriß ovaler Hügel (145×115 m: Abb. 4,A) mit recht steilen Hängen und einem oberen Plateau in 6 m Höhe (40×40 m). Grabungen fanden hier im Jahre 1960 statt (Sarianidi 1962), in deren Verlauf eine Siedlungsfläche von etwa 400 qm in 60 cm Tiefe aufgedeckt wurde (Abb. 4,B). Dabei wurden 28 Häuser aus strohgemagerten Lehmziegeln (42—44×23—25×12 cm) beiderseits einer

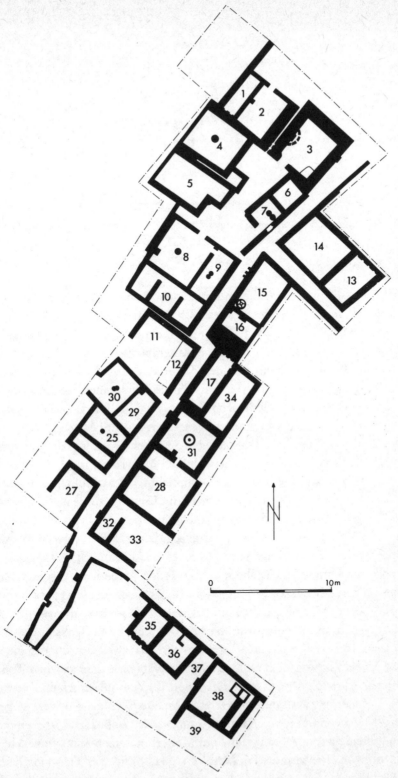

Abb. 2. Geoksjur-Tepe 1. Untersuchungsfläche im mittleren Tellbereich mit Architekturresten. — (Nach V.I. Sarianidi).
M. 1:300

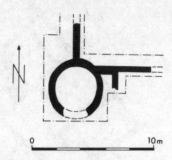

Abb. 3. Geoksjur-Tepe 1. Untersuchungsfläche am Südwestrand des Tells mit Architekturresten. — (Nach V.I. Sarianidi).
M. 1:300

schmalen Gasse ermittelt. Auf dem Hof 20 fand sich ein in die Erde eingetieftes Vorratsgefäß. In der Ecke des Hauses 17 stand ein zweiteiliger Ofen mit stark verschmauchten Wänden. V.I. Sarianidi meinte, daß in ihm Tongeschirr gebrannt worden sei. In Haus 5 zog der Ausgräber bei einem rechteckigen, aus gestampftem Lehm bestehenden Podest mit einem 12 cm hohen Lehmrand eine Deutung als Opferstätte in Betracht. Es wurde durch einen Steg in zwei Teile gegliedert, von denen der südöstliche gleichmäßig durch Brandeinwirkung verschmort und mit einer bis 4 cm mächtigen Ascheschicht bedeckt war.

Gegenüber dem Haus 5, auf der anderen Seite der Gasse, lag das Rundhaus 13 (Dm. 3,3 m). Seine Mauer war ungewöhnlich dick (fast 1 m) und bestand aus vier Ziegelreihen, sein Fußboden aus Stampflehm; die nach innen gehende Neigung der Mauer war deutlich zu erkennen. Ein Eingang wurde nicht festgestellt.

Die hier geborgene Keramik umfaßt mehrere Gruppen. Typisch ist vor allem die bemalte Ware, darunter diejenige vom sog. Jalangač-Typ, sowohl solche, die zu einer Spätphase gerechnet wird (Abb. 14,4.5.7), als auch solche, die einer Frühphase zugeordnet wird (ähnlich Abb. 14,11). In einiger Anzahl vertreten sind polychrome Namazga II-Ware (Abb. 14,23) sowie einige weitere Keramikgruppen. Nicht in Zusammenhang mit Architektur, sondern nur auf der Oberfläche gefunden wurde polychrom bemalte Keramik vom Geoksjurer Stil. Die unbemalte Tonware von Akča-Tepe besteht aus zwei Gattungen; die eine umfaßt große Vorratsgefäße und mittelgroße Näpfe aus dem gleichen Ton wie die bemalte Keramik der ersten Untergruppe, d.h. mit pflanzlichem Zusatz, die zweite Küchentöpfe aus sandgemagertem Ton. An Werkzeugen wurden geborgen ein Knochenbohrer, ein Keramik-Spinnwirtel (Abb. 23,30) und eiförmige Schleudersteine aus ungebranntem Ton. Weiterhin kamen zum Vorschein drei Fragmente von Frauenstatuetten (Abb. 29,7; 31,6) und vier Tier- (anscheinend

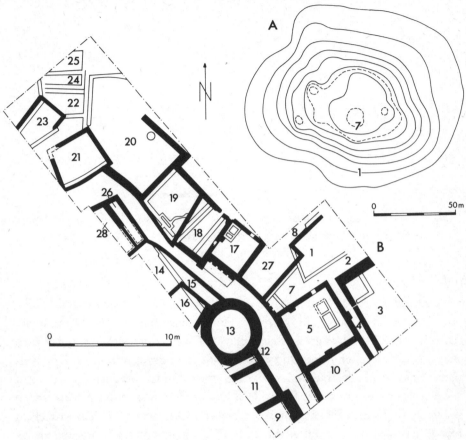

Abb. 4. Geoksjur-Tepe 2 (Akča-Tepe). Tell (A) und Untersuchungsfläche mit Architekturresten (B). — (Nach V.I. Sarianidi).
B M. 1:300

Widder-)Figuren (Abb. 32,10), außerdem ungebrannte Lochscheiben aus Ton (Abb. 23,9.11.36).

Geoksjur-Tepe 3 (Jalangač-Tepe) liegt im südöstlichen Teil der Oase. Der Tell hat ovalen Grundriß (130×95 m: Abb. 5, A) und ist 4,6 m hoch. Grabungen wurden von 1957 bis 1960 durchgeführt (Chlopin 1958; ders. 1961; ders. 1963). Die Kulturschichten sind bis 5,4 m mächtig. Freigelegt wurde vor allem eine 750 qm große Fläche der obersten, 0,50—0,70 m mächtigen Siedlungsschicht (Abb. 5, B). Alle Bauten waren aus Lehmziegeln (40—35 × 25 × 10 cm) errichtet. Es handelt sich teils um Rechteck-, teils um Rundhäuser, wobei einige der letzteren durch gerade Mauerstücke (Länge zwischen 7,40 m und 8,50 m

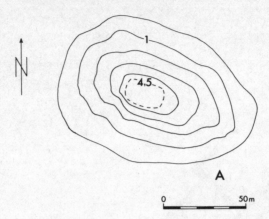

Abb. 5. Geoksjur-Tepe 3 (Jalangač-Tepe). Tell (A) und Untersuchungsfläche mit Architekturresten (nebenstehend) in der obersten (B) sowie zweitobersten (C) Baustufe. (Nach I. N. Chlopin).
B. C M. 1:300

schwankend; Dicke 0,60 m) miteinander verbunden waren. Der Ausgräber hielt diese Rundbauten aufgrund gewisser Fundbeobachtungen für Wohnhäuser (Dm. 3,8 bis 4,5 m). Das große Rechteckhaus 1 von 37 qm Größe besaß Wände aus zwei Ziegelbreiten ohne Querverbund mit einer dünnen braunen Lehmverputzschicht. Auch der Fußboden war mit einer dünnen braunen Lehmschicht bedeckt. Eine Tür mit hoher Schwelle lag auf der Südostseite. Im Innern fanden sich links neben dem Eingang ein rechteckiger Sockel, im nördlichen Viertel ein rechteckiges Glutbecken auf einem Podium aus gestampftem Lehm mit niedriger Umrahmung, das nach Ansicht des Ausgräbers eventuell eine Opferstätte gewesen sein könnte. Seine Innenseite war lehmverstrichen und durch eine Querwand in zwei ungleich große Teile untergliedert; der kleinere zeigte Feuerspuren, der größere keine. — Haus 2 war weniger gut erhalten; seine Wände bestanden nur aus einer Ziegelreihe; im Innern waren auf dem Fußboden Reste eines Podiums von kleinerem Ausmaß erkennbar. — Beim runden Gebäude 12 (Dm. 6,1 m) konnte der Eingang wegen der geringen Höhe der erhaltenen Wände nicht festgestellt werden. Im Inneren fanden sich zahlreiche verglühte Lehmziegel.

Von der zweitobersten, ebenfalls etwa 0,5—0,7 m mächtigen Siedlungsschicht wurde wiederum eine Fläche von 700 qm freigelegt (Abb. 5, C). Das Hauptgebäude 1 war hier ungefähr gleich groß wie dasjenige der obersten Bauschicht. Vor seinem Eingang lag ein rechteckiger Vorraum (Nr. 8). Haus 2 wurde nur partiell erfaßt, während von den Häusern 6 und 7 die Grundrisse mit

Einleitung

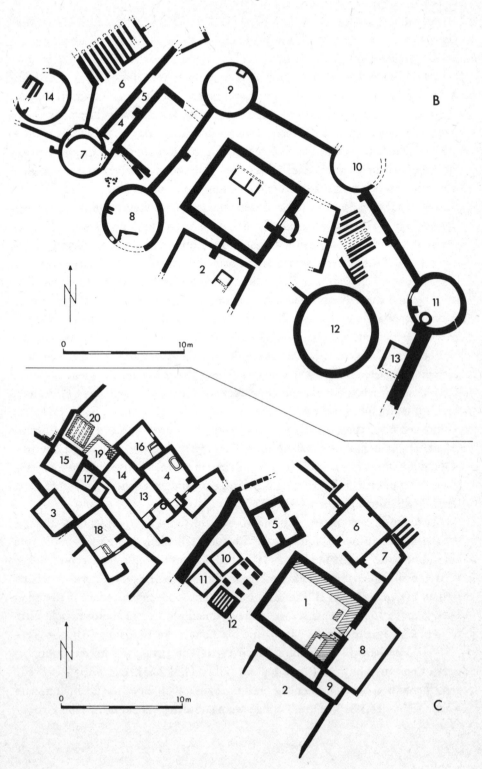

B

C

Türen (ohne Schwelle) vollständig freigelegt werden konnten. Die Wände von Haus 6 waren mit einem dünnen, grünlich-schwarzen Verputz versehen. Haus 5 besaß auffallend dicke Wände mit zwei inneren Zungenwänden. Die drei letztgenannten Häuser waren zuletzt mit Lehmziegeln zugesetzt worden. — Die Häuser 10 und 11 besaßen auffällig mit Lehm verstrichene Wände und Fußböden. Haus 12 zeichnete sich durch Parallelwände aus, auf denen wahrscheinlich ein Holzfußboden lag. Dafür sprach auch der Umstand, daß sich zwischen ihnen zahlreiche Scherben und kleine Gegenstände aus Knochen und Kupfer fanden, die offensichtlich durch die Ritzen im Fußboden gefallen waren. Weiter westlich, von den vorgenannten Häusern durch eine dicke Mauer getrennt, wurden zehn Häuser ermittelt, von denen fünf als Wohnhäuser gedeutet werden können: Nr. 4 (10 qm), 13 (5,5 qm), 16 (7 qm), 18 (10 qm) und 19 (4 qm). Wenngleich aneinandergebaut, handelt es sich doch um gesonderte, einräumige Häuser, die übereinstimmend jeweils links vom Eingang einen zweiteiligen großen Ofen (Höhe 40 cm) auf dem Fußboden aufweisen, in einigen Fällen rechts vom Eingang eine abgeteilte Ecke und vor dem Eingang eine mit Ziegeln gepflasterte, durch eine Wand abgetrennte Plattform. Haus 4 enthielt außer einem Ofen auf dem Fußboden ein rechteckiges (1,2×0,8 m), mit einem Lehmwulst umrandetes Glutbecken, das eventuell quer unterteilt war; die Ausgräber sprechen hier wieder von einer Opferstätte. Die anderen Häuser dieses Komplexes dienten entweder wirtschaftlichen oder anderen Zwecken, die sich wegen ihres schlechten Erhaltungszustandes nicht bestimmen lassen.

Von der nächsttieferen (III.) Siedlungsschicht wurde nur eine kleine Fläche erfaßt. Dabei ergab sich, daß unmittelbar unterhalb von Haus 1 der zweiten Schicht ein ähnlich großes Haus (28 qm) lag. An seiner Südwestwand kam eine sonderbare plastische Verzierung mit fünfzehn runden Löchern in Gestalt eines liegenden E zum Vorschein (Abb. 32,20).

Die Keramik aus diesen Jalangač-Tepe-Schichten ist repräsentativ für die danach benannte neolithische Stufe. Zu unterscheiden sind eine bemalte und eine unbemalte Feinkeramik sowie einfache Hauskeramik. Am zahlreichsten vertreten sind bemalte Gefäße unterschiedlicher Art. Beliebte Ziermotive sind Reihen ungleichmäßig gefüllter und offener Dreiecke sowie Horizontalbänder. Diese Verzierungsweise ist für die späte Namazga-Stufe I charakteristisch. Große, einfach bemalte Gefäße haben eine bis 3 cm dicke Wandung (Abb. 14,6.8–12.17.18). Becher, die am zahlreichsten vertretene Form, weisen ein ähnliches Profil und eine ähnliche Bemalung auf (Abb. 14,3; 23,1). Die Variationsbreite geht fließend in Schalen über, die mitunter zusätzlich eine Innenbemalung aufweisen (Abb. 14,14.15). Durch einige wenige Stücke vertreten ist eine Gruppe von Gefäßen mit schraffierten Dreiecken oder Rauten, vertikalen Zickzackbändern oder Dreiecksreihen (Abb. 14,24). Zu einer weiteren Gruppe gehören Scherben von etwa 30 Gefäßen, die grauschwarz und dunkelrot gemalte Muster auf hellbeiger Engobe aufweisen; sie sind typisch Namazga II-zeitlich (Abb. 15,1.7—9.11.14.16.17.20.21). Die unbemalte Keramik ohne Engobe, aber mit geglätteter Oberfläche umfaßt große Vorratsgefäße, Töpfe, Schalen und Näpfe, das einfache Hausgeschirr meist kugelförmige Kessel mit leicht ausbiegendem Rand aus grauem Ton mit reichlich Sandmagerung. Das Werkzeuginventar besteht aus Stein, Knochen, Kupfer und gebranntem Ton. Aus Feuerstein gearbeitet sind Klingen für Erntemesser (Abb. 22,2.4—10) und Bohrer, aus Schiefer ein flacher Spatel sowie Spinnwirtel, aus Sandstein Stößel (Abb. 21,3) und kugelige Gewichte mit Lochung, aus Kalkstein Mörser, aus verschiedenen Steinarten Perlen (Abb. 23,2—7.14.16—18.24), aus Knochen Ahlen und Schaber. Aus der oberen Siedlungsschicht stammen ein kupfernes Flachbeil und eine Flachspitze, aus der zweitobersten Schicht (Haus 1) eine Lanzenspitze mit Schaftdorn sowie zwei Ahlen (Abb. 25,1—3.6.7). In den beiden Bauschichten kamen zahlreiche anthropomorphe und zoomorphe Tonfiguren zum Vorschein (Abb. 29,1.4.6.9.12—14; 30,1.2.5.8—10.13.15.20; 31,7.10—14; 32,1—3.5—7.9.11). Meist fragmentarisch erhalten sind Frauenfigürchen, überwiegend zu einem „sitzenden" Typ gehörig, der verschiedenartig gestaltete Beine, keine Arme, aber große Brüste aufweist; die meisten Statuetten sind bemalt. Nur durch ein Fragment vertreten ist ein stehender Typ; auf dem Oberschenkel ist ein Ziegenbock gezeichnet (Abb. 29,13). Ein anderes Fragment zeigt Spuren von angesetzten Armen (Abb. 29,4). Ganz schematisch gestaltet ist eine Kalksteinfigur (Abb. 30,3). Die Tierfiguren bestehen aus ungebranntem Ton. Von den mehr als 30 Exemplaren werden 12 als Widder, 3 als Stiere, 5 als Hunde (?) gedeutet; die übrigen sind schwer bestimmbar. Erwähnenswert ist außerdem ein flacher Tonzylinder mit Mittelloch, den der Ausgräber als Modell eines Opfertisches deutet (Abb. 32,19).

Die Siedlung *Geoksjur-Tepe 4 (Mullali-Tepe)* am südöstlichen Rand der Oase ist ein 3,5 m hoher, ziemlich abgeflachter Hügel (110×130 m: Abb. 6, A) mit 4,7 m mächtigen Kulturschichten. Ein 1959 angelegter stratigraphischer Schnitt deckte die gesamte Schichtenfolge auf (Adykov/Masson 1960). Offenbar besteht der Hügel aus sieben Bauschichten. 1960 wurde die oberste Siedlungsschicht auf einer Fläche von etwa 2000 qm nahezu vollständig freigelegt (Abb. 6, B.C). An einigen Stellen wurde mit der Untersuchung der darunter liegenden Siedlungsschicht begonnen. 1961—1963 fanden Arbeiten geringeren Umfangs statt.

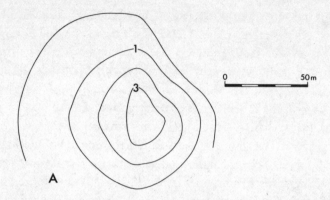

Abb. 6. Geoksjur-Tepe 4 (Mullali-Tepe). Tell (A) sowie (nebenstehend) Untersuchungsfläche mit Architekturresten (B: älterer Westkomplex; C: jüngerer Ostkomplex). (Nach I. N. Chlopin).
B. C M. 1:300

Die Baureste der Siedlung bestehen aus zwei Komplexen, einem westlichen (Abb. 6, B) und einem östlichen (Abb. 6, C), von denen der erstere stratigraphisch als älter erwiesen werden konnte. Beide unterscheiden sich in der Bauweise und im Keramikbestand voneinander.

Der westliche Baukomplex umfaßte mehrere Rechteckbauten sowie sieben Rundbauten; von den letzteren (Dm. 3,1 bis 3,8 m) waren fünf durch gerade Mauerstücke (Breite 0,60 m) von 8,5 bis 10 m Länge miteinander verbunden (Abb. 6, B, 17—21). Die Rundbauten zeigten Türöffnungen, Estrichböden und Öfen, so daß die Ausgräber eine Deutung als Wohnhäuser in Betracht zogen, allerdings eine nicht dauernde wie bei den Rechteckhäusern. Haus 7 (22,5 qm) besaß Wände aus zwei Ziegelreihen und mehrere Verputzschichten. Die 60 cm breite Türöffnung wies eine Schwelle auf. Links vom Eingang stand ein rechteckiger, verputzter Sockel und in der Nordecke ein ebenfalls rechteckiges Podium mit Glutbecken und erhöhtem Rand aus Stampflehm (1,95 × 1,05 m), durch eine Stufe in zwei sorgfältig ausgearbeitete Teile gegliedert. Im eingesenkten Teil sind eine durch Feuer entstandene dicke Kruste und in der Mitte ein durchglühter Kreis von 15 cm Durchmesser erkennbar. Die Ausgräber dachten hier wieder an eine Opferstätte. Haus 11 war schlecht erhalten. Haus 15 wurde an die zuvor errichtete Mauer zwischen den Rundbauten 18 und 19 angebaut; an seiner Westwand stand ein großer Ofen. Die beiden aneinandergrenzenden Räume 12 und 14 besaßen nur im Norden vom Hof aus einen Eingang. Neben diesem stand ein Sockel, der oben wannenartig gestaltet und mit hochkant gestellten Ziegeln

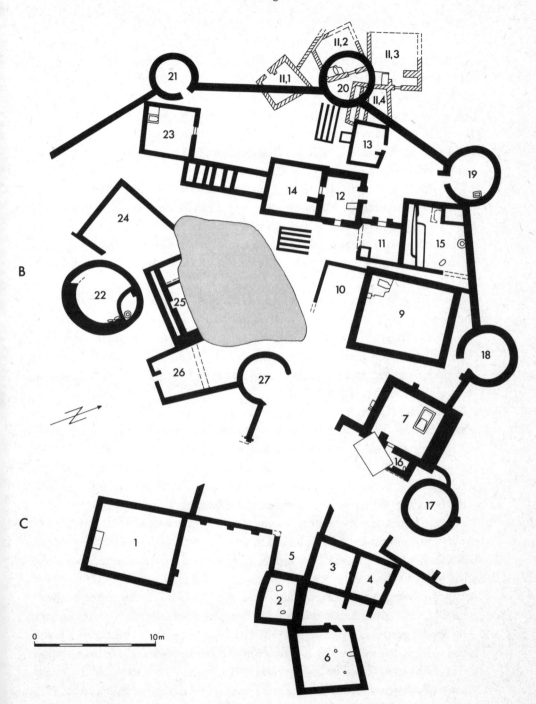

umrandet war. Raum 14 besaß keinen Ofen, zeigte jedoch angebrannte Erde, große Kohlenstücke und verkohlte Gräser. Südlich an diesen Raum schloß ein eigenartiger schmaler Bau mit fünf dicht nebeneinander liegenden Querwänden an; über seine Zweckbestimmung konnten die Ausgräber keine Angaben machen. Haus 13 besaß im Nordosten einen Sockel; in der Westwand befanden sich drei rechteckige, durchgehende Löcher, anscheinend für die Lüftung. Haus 23 wies in der Südwestecke auf dem Fußbodenniveau einen großen zweiteiligen Herd auf; der kleinere Teil zeigte Brandspuren; der größere war als eine glatte horizontale Platte gestaltet.

Das südlichste Rundhaus (Nr. 22), im Durchmesser 4 m groß, bestand in seiner unteren erhaltenen Wandpartie aus vier Ziegelreihen, die eine Mauerdicke von nahezu einem Meter ergaben. Diese Wandstärke reichte aus, um ein Kraggewölbe zu tragen. Der Nordteil des Hauses war abgeteilt; er enthielt eine lehmverstrichene Grube; auf dem Estrichboden des Raumes lagen vier große Reibsteine.

Unter Rundbau 20 wurden Gebäude der zweiten Bauschicht aufgedeckt. Eines von ihnen (II,1) war von der Umfassungsmauer zwischen den Rundbauten 20 und 21 überlagert. Es war 7 qm groß; einen Ofen besaß es nicht. Haus II,2 (10,5 qm) war vom Rundbau 20 überlagert; es besaß einen Eingang mit Schwelle und einen Eckofen. In Haus II,3 (15 qm) stand ein Ofen links vom Eingang; die rechte Ecke war abgeteilt.

Die bemalte Keramik des westlichen Baukomplexes von Mullali-Tepe umfaßt lokal gefertigte Tonware mit Näpfen, Töpfen und großen Vorratsgefäßen, die mit roter oder grünlich-weißer Engobe überzogen und dunkelbraun bemalt sind (ähnlich Abb. 14,1.2.8.9.13), ausnahmsweise auch verschiedenartig kombinierte, schraffierte Dreiecke aufweisend (Abb. 14,16.20). Ortsfremde Ware ist demgegenüber selten: es ist polychrom bemalte Namazga II-Keramik (Abb. 15,3.4. 10.13.15); unter den Zierelementen kommen stilisierte Menschen- und Baumdarstellungen zwischen roten Dreiecken vor. Die unbemalte, z. T. sandgemagerte Keramik umfaßt große Vorratsgefäße, Schalen und rot engobierte Schalen, die schon eher für die nachfolgende Übergangszeit (frühe Geoksjurer Stufe) des östlichen Baukomplexes kennzeichnend sind. An Geräten wurden geborgen Reibsteine, Mörser (Abb. 23,28) und Stößel, Spatel aus Schiefer, flache Spinnwirtel, zwei Pfeilspitzen aus Feuerstein (Abb. 22,1.3); drei aus Röhrenknochen hergestellte Ahlen, Röhrchen aus Kupferblech, Messerklingen und ein spatelartiges Gerät (Abb. 25,9), Ton-Spinnwirtel und eiförmige Schleudersteine. Von Frauenstatuetten aus gebranntem Ton haben sich einige Fragmente erhalten (Abb. 29,8; 30,7.12.14.16.17). Zwei gut ausgeführte Tierfiguren bestehen aus ungebranntem

Ton (Abb. 32,4.12). Aus ungebranntem Ton hergestellt sind auch vier Lochscheiben (wie Abb. 23,10).

Der östliche jüngere Baukomplex von Mullali-Tepe umfaßt sechs Gebäude und zwei Höfe (Abb. 6, C 1-6). Zugehörig sind einige weiter westlich stratigraphisch über dem vorgenannten westlichen Baukomplex aufgedeckte Architekturreste. Der Erhaltungszustand dieser jüngeren Bauten ist im ganzen schlecht. Daher konnten auch keine Türdurchlässe ermittelt werden. Alle Gebäude sind im Gegensatz zu den älteren des westlichen Baukomplexes miteinander verbunden. Keines kann eindeutig als Wohnhaus bestimmt werden. Nur in den Häusern 5 und 6 wurden auf dem Fußboden runde Feuerstellen festgestellt. Die Mauerung ist wenig sorgfältig; die Wände sind nicht verputzt, die Fußböden nicht lehmverstrichen. Möglicherweise ist Haus 3 zu wirtschaftlichen Zwecken benutzt worden; es fanden sich dort Reibsteine, Stößel und zerdrückte Vorratsgefäße.

Die Keramik des jüngeren Ostkomplexes unterscheidet sich deutlich von derjenigen im älteren Westteil. Am zahlreichsten vertreten ist eine unbemalte, mit roter Engobe überzogene Ware. Von der bemalten Keramik sind nur wenige Stücke zum Vorschein gekommen: teils polychrom verzierte, für die frühen Entwicklungsphasen der Geoksjurer Stufe charakteristische Schalen, teils Fragmente mit einfarbigen, die späte Namazga II-Stufe kennzeichnenden Ziermustern (wie Abb. 15,2.11; 16,31.34.36). Die großen Vorratsgefäße und Kochkessel gleichen vollkommen denjenigen des älteren Westkomplexes. An Geräten kamen hier zum Vorschein nur Mahl- und Reibsteine sowie Stößel, etwa 50 Spinnwirtel aus gebranntem Ton und marmorartigem Stein, weiterhin 6 fragmentierte Frauenstatuetten und eine Ziegenbockfigur aus ungebranntem Lehm.

Die Siedlung *Geoksjur-Tepe 5 (Čong-Tepe)* ist die südlichste der Oase, 6 km westsüdwestlich des Tells Geoksjur 4, ein ovaler (140×170 m), 6,5 m hoher Hügel mit sanften Hängen im Osten und Westen und steilen im Norden und Süden. Im Jahre 1959 wurde in seiner Mitte ein stratigraphischer Schnitt angelegt, der allerdings nicht bis zum gewachsenen Boden reichte. Die Kulturablagerungen bestehen insgesamt aus sechs bis sieben Bauhorizonten (unterschieden wurden zehn Schichten). 1960—1961 wurde auf der westlichen Hügelseite die obere Bauschicht in einer Fläche von mehr als 500 qm freigelegt (Abb. 7). Die obersten Schichten enthielten eine polychrom bemalte Keramik vom sog. Geoksjurer Stil (Abb. 16,2.3.7.10—14.18.28.34); in Schicht IV wurde das Fragment einer bemalten Schale von früher Namazga III-Art gefunden. In Schicht V fehlte bemalte Keramik; es überwiegen rot engobierte, mitunter polierte Scha-

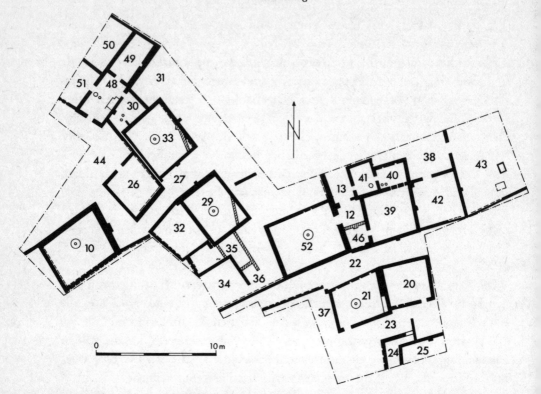

Abb. 7. Geoksjur-Tepe 5 (Čong-Tepe). Untersuchungsfläche mit Architekturresten der obersten sowie einer vorangehenden Baustufe. — (Nach I. N. Chlopin).
M. 1:300

len, Becher und Vorratsgefäße. Die Schichten VI—X ergaben außerdem bemalte Schalen (wie Abb. 14,1.7).

Die Siedlung *Geoksjur-Tepe 6 (Ajna-Tepe)* liegt in der Mitte der Oase, 4 km südlich von Geoksjur-Tepe 1. Der Hügel ist ziemlich abgetragen und mißt von Norden nach Süden 85 m, von Westen nach Osten 115 m (Abb. 8, A). Bei den 1961 eingeleiteten Grabungen wurden auf einer Untersuchungsfläche von etwa 1000 qm Baureste der obersten und zweitobersten Besiedlungsschicht sowie einige Hausgrundrisse der dritten Schicht freigelegt (Abb. 8, B). Die Bauschichten sind jeweils etwa 0,60—0,65 m mächtig. Die Häuser aller Schichten waren aus Lehmziegeln (45×25×10 cm) errichtet. Ein Suchschnitt im östlichen Teil des Hügels ließ mindestens zwei oder mehr weitere Bauhorizonte vermuten.

Die oberste Bauschicht wurde nur im höchstgelegenen Teil des Hügels erfaßt (Abb. 8, B I). Von einem nahezu quadratischen Gebäude (I,1) konnte die 5,25 m

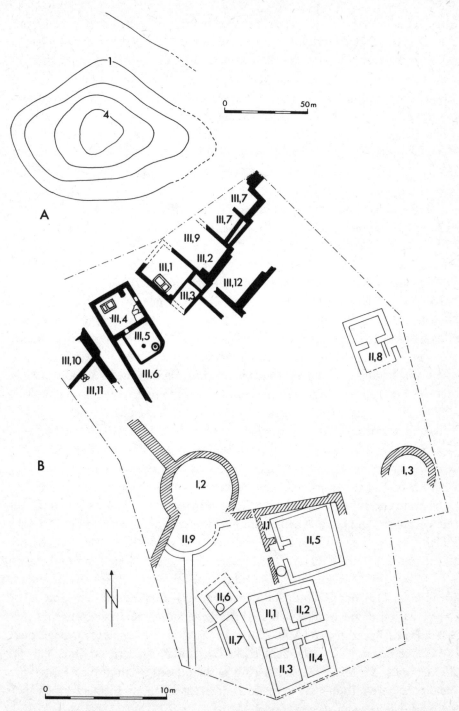

Abb. 8. Geoksjur-Tepe 6 (Ajna-Tepe). Tell (A) und Untersuchungsfläche mit Architekturresten der obersten (B I), der vorangehenden (B II) und der dritten (B III) Bauschicht. (Nach I. N. Chlopin).
B M. 1:300

lange, aus zwei Lehmziegelreihen erbaute Nordwand erfaßt werden; der Eingang lag in der Westwand, links davon ein rechteckiger Sockel; der lehmverstrichene Fußboden war schwarz. Demselben Horizont gehörten die Reste von zwei Rundbauten an; vom einen (I,2) gingen zwei 50 cm dicke Mauern ab. Zwischen diesen und dem anderen Rundbau fanden sich Reste eines eingestürzten Mauerwerkes, das einst wahrscheinlich die beiden verband.

Die zweitoberste Bauschicht (Abb. 8, B II) ergab unmittelbar unterhalb von Haus I,1 ein solches ähnlichen Grundrisses, aber kleinerer Dimensionen (II,5), mit Wänden aus einer einzigen Ziegelreihe (4,4×4,8 m), einer Tür im Westen und einem Seitensockel. Neben seiner Westmauer, beim Eingang, stand ein in den Boden eingetieftes, mit Sparrenmustern verziertes Vorratsgefäß. Weiter südlich lag ein rechteckiges, aus vier Räumen mit Korridor bestehendes Gebäude (II,1—4); die Durchlässe waren nur 15—20 cm breit. Westlich davon wurden Baureste und dann das 8,5 m lange Stück einer Mauer freigelegt, an dessen nördlichem Ende Reste eines Rundbaus erkennbar waren (II,9).

Vom dritten Bauhorizont wurden am Nordhang des Hügels einige Gebäude aufgedeckt (Abb. 8, B III). Bei Raum III,1 (2,6×3,2 m) waren die erhaltenen Wandreste so niedrig, daß die Türöffnung nicht mehr ermittelt werden konnte; auf dem Fußboden an der Südwestwand stand ein rechteckiges Stampflehmpodium mit erhöhtem Rand und einem in zwei Teile gegliederten Glutbecken (1,4×0,75 m). An der Südostseite dieses Hauses schlossen zwei Räume an, die wahrscheinlich wirtschaftlichen Zwecken dienten; ihre lehmverstrichenen Fußböden lagen 20 cm höher als derjenige von Haus III,1. Haus III,4 (3,1×3 m) wies verputzte Wände, einen Estrichboden und eine 0,4 m breite Tür mit hoher Schwelle auf; in der Ostecke stand ein großer, hoher, zweiteiliger Ofen mit Feuerspuren in einem eingetieften Teil, während der andere eine glatte Oberseite ohne Hinweise auf eine Brandeinwirkung aufwies. Im westlichen Teil des Raumes befand sich ein Glutbecken-Podium aus gestampftem Lehm mit einem 8 cm hohen Rand und zwei ungleich hohen Teilen; im größeren wurden eine Brandkruste und eine runde, 20 cm Durchmesser große, mit Asche gefüllte Aushöhlung festgestellt. Von diesem Raum führte ein Durchlaß in den Nachbarraum III,5 (2,3×2,7 m), der in seiner Südostecke einen 6—8 cm hohen Lehmring (Dm. 70 cm) zeigte; dieser besaß am Boden deutliche, vom Rand zur Mitte hin sich verstärkende Brandspuren (Abb. 20,6). Der Ausgräber hielt dies für eine Opferstätte. Die Bodenfläche war nicht exakt horizontal, sondern erhöhte sich um 2—3 cm nach der Mitte zu, zu einer im Durchmesser 16 cm großen Eintiefung mit Brandspuren. In der Mitte dieses Raumes fand sich ein kleiner, unbemalter Topf mit herausgeschlagenem Boden.

Die Keramik von Ajna-Tepe umfaßt wieder bemalte, unbemalte und grobere Ware. Die örtlich gefertigten Töpfe und Schalen mit einheitlicher Musterung gehören der Jalangač-Stufe an (Abb. 14,22; weiterhin wie 1—17). Vereinzelt vertreten ist bemalte Namazga II-Ware (Abb. 15,2.5.6.18; 31,19). Unbemalt sind Vorratsgefäße, große Näpfe, dickwandige Schalen und kugelige Töpfe. An Geräten wurden geborgen zwei Kupfermesser, einige Knochenahlen, drei Schieferspatel (Abb. 21,1.2.4), keramische und steinerne Wirtel (Abb. 23,17), Stößel und Mahlsteine, an Figuren Bruchstücke von fünf Frauenstatuetten (Abb. 29,3.10; 30,12.18): sitzende Figuren, deren Arme entweder als Stümpfe oder vollständig, im Ellbogen geknickt und die Brust stützend wiedergegeben sind, sowie eine Tierfigur aus Ton und einige Lochscheiben aus ungebranntem Ton (Abb. 23,8.38).

Die Siedlung *Geoksjur-Tepe 7*, etwa 5 km südsüdöstlich von Geoksjur-Tepe 1 gelegen, ist sehr weitläufig; der Hügelumriß ist verschwommen (170×200 m); der Nordteil ist etwa 5 m hoch. Hier wurden im Jahre 1960 zwei Grabungsschnitte angelegt und auf einer Fläche von 1000 qm Häuserreste aus Lehmziegeln aufgedeckt; 1961 wurde einer dieser Schnitte auf 250 qm erweitert (Abb. 9); dabei gelang es, die Grundrisse von zwei Häusern (ein rundes und ein rechteckiges) vollständig und von einem dritten teilweise freizulegen. Das Rundhaus (Dm. 4,5 m) besaß einen Eingang im Osten, zwei 1 m lange Zungenmauern im

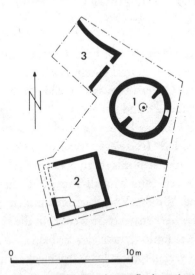

Abb. 9. Geoksjur-Tepe 7. Untersuchungsfläche mit Architekturresten.
(Nach I.N. Chlopin).
M. 1:300

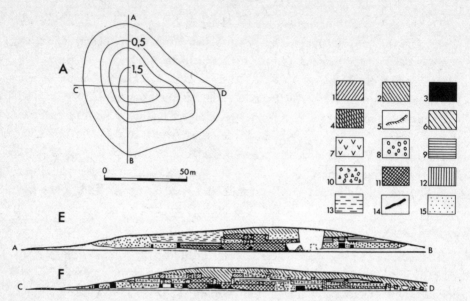

Abb. 10. Geoksjur-Tepe 8 (Dašlydži-Tepe). Tell (A) mit Profilen (E.F. 1 Mauern der Schicht 1; 2 Mauern der Schicht 2; 3 Mauern der Schicht 3; 4 Mauern der Schicht 2/3; 5 Rasen; 6 Hohlräume; 7 lockerer Versturz; 8.12 Brandschicht; 9 Schwemmschicht; 10 Ziegelversturz; 11 Schutt; 13 Asche; 14 verziegelte Schicht; 15 lockere Erde.) sowie den Architekturresten in der unteren (D), der mittleren (C) und der oberen (B) Bauschicht. — (Nach I. N. Chlopin).
B—D M. 1:300

Innern sowie in der Mitte einen runden Platz (Dm. 60 cm) mit breitem, erhöhtem Rand aus gestampftem Lehm und einem Loch in der Mitte (Abb. 20,7), in dem der Ausgräber eine Opferstätte sah. Gebäude 2 war fast quadratisch (17 qm); in seiner Südwestecke stand ein großer, zweiteiliger Ofen der für diese Gruppe üblichen Art; der Eingang lag auf der Südseite. Von Haus 3 konnten nur zwei Wände mit Durchlaß freigelegt werden. Die ortsübliche Keramik (Abb. 14,1.2.27) unterscheidet sich mit ihren Schalen und Vorratsgefäßen wenig von derjenigen von Akča-Tepe und Mullali-Tepe. Nur durch ein Fragment vertreten ist die polychrome, für die Vorgebirgssiedlungen der Namazga II-Stufe charakteristische Ware. Bemerkenswert ist weiterhin die für die Geoksjurer Stufe typische grautonige Keramik. Unter der unbemalten Keramik erscheinen zahlreiche rot engobierte Gefäße mit schwarzen Flecken und Gipszusatz in der Tonmasse. Große Schalen und Becken sind aus Ton mit pflanzlichem Zusatz gefertigt und ohne Engobe gelassen. An Geräten gefunden wurden ein Meißel aus Schiefer, ein Knochenspatel, zwei kupferne Spitzen und ein Meißelchen

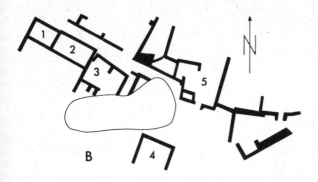
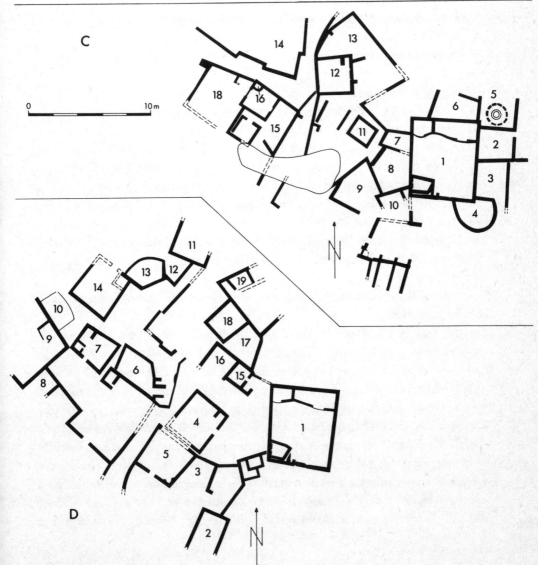

(Abb. 25,4.5.8) sowie konische Spinnwirtel aus Ton, an Frauenstatuetten aus Ton drei Fragmente: ein Kopf und zwei Körper (Abb. 30,11; 31,4), außerdem ein Kopf aus Stein mit fein geschnittenem Gesicht und zylindrischer Kopfbedeckung.

Die Siedlung *Geoksjur-Tepe 8 (Dašlydži-Tepe)*, am Nordrand der Oase gelegen, ist die kleinste nicht nur dieser Siedlungsgruppe, sondern im Vorgebirgsland des Kopet-Dag überhaupt (45×38 m; Höhe 2 m: Abb. 10, A). Im Jahre 1957 wurden die oberste und die zweitoberste Bauschicht freigelegt, im folgenden Jahr die dritte. Es ist dies die einzige frühe Siedlung in Süd-Turkmenistan, die als vollständig untersucht gelten kann (Chlopin 1958; ders. 1961; ders. 1963). Die Reste der obersten Bauschicht wurden im mittleren, am höchsten gelegenen Teil des Hügels angetroffen (Abb. 10, B). Die dazu gehörigen Bauten waren offenbar zu einigen Komplexen zusammengeschlossen. Im Nordteil des Hügels weisen einige Anzeichen auf eine einstige Keramikherstellung hin.

Der zweitoberste Bauhorizont ergab einen besser erhaltenen Befund (Abb. 10, C). Zum Vorschein kamen 18 Gebäude, die vier Komplexe bildeten. Der eine, im östlichen Teil des Hügels gelegen, bestand aus den Häusern 1—6 sowie einem südlich anschließenden Hof. Haus 1 (28,5 qm) ist als Hauptgebäude anzusehen. Seine Wände besaßen einen grünlichen Verputz ohne pflanzlichen Zusatz; der Estrichboden zeigte mehrere Schichten und eine schwarze Färbung; stellenweise drang darunter eine rote Färbung hervor. Der Eingang lag in der Südwand; in der Südwestecke stand ein rechteckiger Ofen, an der Nordwand eine breite unterteilte Bank, die vom übrigen Raum durch eine 60 cm hohe Wand aus hochkant gestellten Ziegeln getrennt war. Bank und Scheidewand waren grünlich verputzt.

Die dritte Bauschicht, unmittelbar auf dem gewachsenen alluvialen Boden aufliegend, umfaßte sechs bis acht Wohnkomplexe (Abb. 10, D).

Die Keramik von Dašlydži-Tepe zeigt in allen drei Schichten einen weitgehend einheitlichen Charakter. Die bemalte Ware besitzt pflanzliche Zusätze in der Tonmasse; die unbemalte entspricht dem teils, teils besteht sie aus grobem, mit Sand und zerstoßenen Steinen gemagertem Ton. Die beiden ersten Gattungen zeichnen sich durch einen beidseitigen Engobeüberzug aus; seine Farbe (hellgrün bis grau, blaßrot) hängt von der Art des Brennverfahrens ab. Viele Gefäße sind fein poliert; die Malfarbe ist intensiv braun bis rot. Die bemalte Keramik (Abb. 12; 13) umfaßt Töpfe, Vorratsgefäße, Tassen und Schalen; die beiden letzteren sind auch innen bemalt. Die Verzierungsmuster sind für einen späten Abschnitt der Namazga I-Stufe charakteristisch. Bei der unbemalten Keramik stehen ebenfalls Vorratsgefäße, Töpfe und Näpfe im Vordergrund.

Daneben erscheinen Gefäße mit Ausguß, Siebe und (rechteckige) Schüsseln. Zum Kochgeschirr gehören Kessel und Töpfe, zu den Kleinfunden keramische Wirtel, Steingegenstände, Knochenahlen und kupferne Pfrieme. Weiterhin kamen zum Vorschein eine vollständige und eine fragmentierte Frauenstatuette (Abb. 28,1.a 2), etwa 15 Tierfiguren (Ziegenbock, Stier) aus ungebranntem Ton und unbestimmbare konische Kleingegenstände (Abb. 28,3—11).

Die Siedlung *Geoksjur 9,* im Südwesten der Oase gelegen, ist ein ovaler, etwa 3 m hoher, im Gelände kaum erkennbarer Hügel (104×88 m: Abb. 11, A). Im

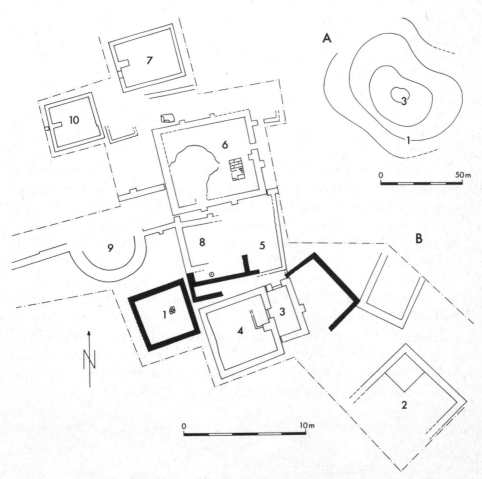

Abb. 11. Geoksjur-Tepe 9. Tell (A) und Untersuchungsfläche mit Architekturresten der oberen Bauschicht (B). — (Nach I.N. Chlopin).
B M. 1:300

Jahre 1961 wurde die obere Schicht des Hügels auf einer Fläche von 750 qm aufgedeckt. Dabei wurden Hausgrundrisse freigelegt, sieben vollständig (Abb. 11, B). Alle bestehen aus rechteckigen, handgeformten Lehmziegeln (40×25×10 cm). Haus 4, fast quadratisch (24,5 qm), besaß Wände von doppelter Ziegelstärke, eine sorgfältig ausgeführte Türöffnung und an deren linker Seite einen Sockel mit anschließender Winkelwand. Haus 3 wurde vom Ausgräber als Vorraum gedeutet. Haus 6 (45 qm), das größte der Siedlung, besaß eine Wandverstärkung von Außenpfeilern. Links vom Eingang stand frei ein Sockel. Die Häuser 7 (19,5 qm) und 10 (12 qm) wurden als Wohnhäuser angesehen, obgleich keine Öfen angetroffen wurden. Außer den Häusern kamen Reste einer Umfassungsmauer zutage: Vom Rundbau 9 (Dm. 3,5 m) mit 1 m dicker Wand führte ein Mauerzug in westliche Richtung; er war fast 10 m lang und 50—60 cm breit. — Diese Siedlung war äußerst fundarm. Die Scherben stammen meist von rottonigen Näpfen und Schalen. Mit Sparrenmuster verziert sind Vorratsgefäße. Die Schalen pflegen außen vier Horizontallinien zu besitzen (wie Abb. 14,1—8), dazu im Innern zuweilen ebenfalls ein Muster (wie Abb. 14,14). Ein zylindrisches, rot engobiertes Gefäß aus porösem Ton ist mit vertikalen Bändern aus schraffierten Dreiecken verziert (Abb. 14,26). Wenige Scherben sind polychrom im frühen Namazga II-Stil bemalt; eine Schale trägt eine einfarbige Bemalung von später Namazga II-Art. Einige Bruchstücke weisen das frühgeoksjurer Gittermuster auf (wie Abb. 16,31). An Werkzeugen wurden geborgen drei Steinstößel, Reibsteine und ein runder Mahlstein, ein Kupferpfriem, einige Knochenahlen, eine „Häkelnadel" aus Knochen, keramische (Abb. 23,25—27.29.31—33) und steinerne Wirtel (Abb. 23,13) sowie Lochscheiben aus ungebranntem Ton (Abb. 23,10.35.37), an anthropomorpher Plastik zwei Fragmente von Tonstatuetten (Abb. 30,19) und ein Kopf aus Stein (Abb. 29,2), an Tierfiguren eine ungebrannte Widderdarstellung (Abb. 32,8).

Neben diesen neun Siedlungshügeln wurden westlich vom Dašlydži-Tepe Ansammlungen von Tonscherben der Namazga I-Stufe sowie eine Menge anderer Keramik angetroffen; sie stammte wahrscheinlich aus einzelnen Häusern, die nur kurzfristig bewohnt waren und deshalb keine Tells bilden konnten.

Zeitstellung

Zwar wurden die neun Siedlungshügel der Geoksjurer Oase nicht alle in ihrem gesamtstratigraphischen Schichtbestand erfaßt — erst recht freilich nicht vollständig untersucht; aber es wurden insgesamt doch so weitgehend stratigraphische Befunde ermittelt und dazu jeweils großflächige Grabungen mit entsprechend reichhaltigem Fundbestand durchgeführt, daß die Gesamtdauer dieser Oasenbesiedlung und die dabei zu unterscheidenden Stufen in den wesentlichen Zügen als geklärt gelten können.

Das Rückgrat der Stufenabfolge bildet eine Untersuchungsfläche in Geoksjur-Tepe 1, die bis zum gewachsenen Boden gegraben wurde (Sarianidi 1960, 141 ff.); dabei kamen zehn übereinanderliegende Siedlungs- bzw. Bauschichten (Gesamtmächtigkeit 12 m) zutage (Abb. 12). In einigen Schichten wurden außer Siedlungsresten auch Gräber gefunden, bei denen eine Gleichzeitigkeit mit den betreffenden Architekturresten nicht erweislich war. Der Ausgräber zog daher für die Bestattungen jeweils eine besondere Zeitstufe *nach* den Siedlungszeugnissen in Betracht, während der eine Besiedlung in anderen Teilen des Tells vermutet wurde. So erschloß er insgesamt achtzehn Stufen. Da dieser Siedlungshügel der größte und höchste der Oase ist, wird vom Ausgräber angenommen, daß dieser Platz während der gesamten Dauer des Bestandes dieser Siedlungskammer kontinuierlich bewohnt war. Wenn I. N. Chlopin dafür höchstens ein Jahrtausend veranschlagen möchte, so dürfte diese Vermutung einige Wahrscheinlichkeit für sich haben.

Insgesamt wird diese Besiedlung der Geoksjurer Oase in drei Abschnitte untergliedert, wobei die Definition im wesentlichen auf dem Motivbestand der bemalten Keramik beruht, deren (einerseits) Zusammengehörigkeit und (andererseits) Aufeinanderfolge durch die einzelnen Siedlungsschichten und ihre stratigraphische Position bestimmt wird. Diese drei Stufen werden benannt nach den drei Tells Dašlydži, Jalangač und Geoksjur (Chlopin 1964; ders. 1963; ders. 1969; Masson 1964; Sarianidi 1964).

Die *Dašlydži-Stufe* ist in dem namengebenden Tell in den drei dort erfaßten Besiedlungsschichten vertreten. Die Besiedlung endet an diesem ganz am Nordrand der Oase gelegenen Platz mit dieser Stufe, d. h. früher als an den anderen Siedlungsplätzen; für diesen vorzeitigen Siedlungsabbruch dürften naturlandschaftliche Veränderungen als Ursache in Betracht zu ziehen sein (s. S. 85 ff.). Ein entsprechender Keramikbestand wie in den Dašlydži-Schichten begegnet in der unteren Schicht von Akča-Tepe sowie in den unteren drei Bauschichten (10—6) von Geoksjur-Tepe 1. Aber auch Jalangač-Tepe, Ajna-Tepe und möglicherweise Geoksjur-Tepe 7 beginnen mit dieser Keramikstufe. Die Keramik dieser Stufe (Abb. 13 A.B) umfaßt Schalen, Schüsseln, Näpfe und große Vorratsgefäße, dazu Ausguß- und Siebgefäße. Üblich ist eine dunkle Bemalung auf hellem Grund, wobei einfache oder mehrfache Zickzackstreifen, Bogengruppen, horizontale oder vertikale Dreiecksreihen und Rauten, die beiden letzteren gefüllt, gerahmt, strichgefüllt, gegittert oder offen, erscheinen. Vereinzelt begegnen außer einfachen geometrischen Mustern Motive, die einen symbolischen oder figürlichen Charakter haben können (Abb. 13.A,3.19). Bei den Schalen erscheint die Bemalung auf der Innenseite, zuweilen zusätzlich auch auf der Außenseite, bei den anderen Gefäßformen nur auf der Außenseite.

Die *Jalangač-Stufe* ist — außer in Dašlydži-Tepe — in allen acht Siedlungshügeln der Geoksjurer Oase vertreten, von diesen in Akča-Tepe, Jalangač-Tepe, Ajna-Tepe und Geoksjur-Tepe 7 in den obersten Schichten, so daß dort die Besiedlung mit dieser Stufe endete, während diejenige der vier anderen Tells in die folgende Zeitstufe hineinreicht. In Geoksjur-Tepe 1 sind die Schichten 5—4 hierher gehörig, in Čong-Tepe die Schichten X—V; auch bei den übrigen Tells darf jeweils mit mehreren, durch Keramik dieser Stufe gekennzeichneten Bauschichten gerechnet werden. Die Keramik, die hinsichtlich ihres Formenvorrates, ihrer Machart und ihrer Bemalung sich als Fortsetzung der Keramik aus der vorangehenden Stufe erweist, unterscheidet sich von dieser durch die Musterung der Bemalung (Abb. 14). Typisch sind horizontale Linienbänder unter dem Rand (meist vier Linien), die in Abständen durch Querstriche, kleine Dreiecke, Kreuze oder Rauten miteinander verbunden sind, dazu ein- oder mehrzeilige Zickzackbänder oder Dreiecksreihen sowie vereinzelt besondere Einzelmotive. Neben dieser örtlich gefertigten Keramik erscheint — wesentlich seltener als diese — eine polychrom bemalte Ware von Namazga II-Art (Abb. 15), die offensichtlich aus der Vorgebirgszone des Kopet-Dag stammt. Hinzu kommt als dritte Gattung eine Gruppe von Vorratsgefäßen und Schalen,

---

Abb. 12 (nebenstehend). Geoksjur-Tepe 1. Stratigraphischer Befund mit den zehn unterscheidbaren Siedlungsschichten (1—10): a lehmverstrichener Fußboden; b Schutt; c Ziegelversturz; d verbrannte Lehmziegel; e Asche; f gewachsener Boden. — A Keramik der Schichten 1—2 (Geoksjur-Stufe). — B Keramik der Schichten 4—5 (Jalangač-Stufe). — C Keramik der Schichten 6—10 (Dašlydži-Stufe).

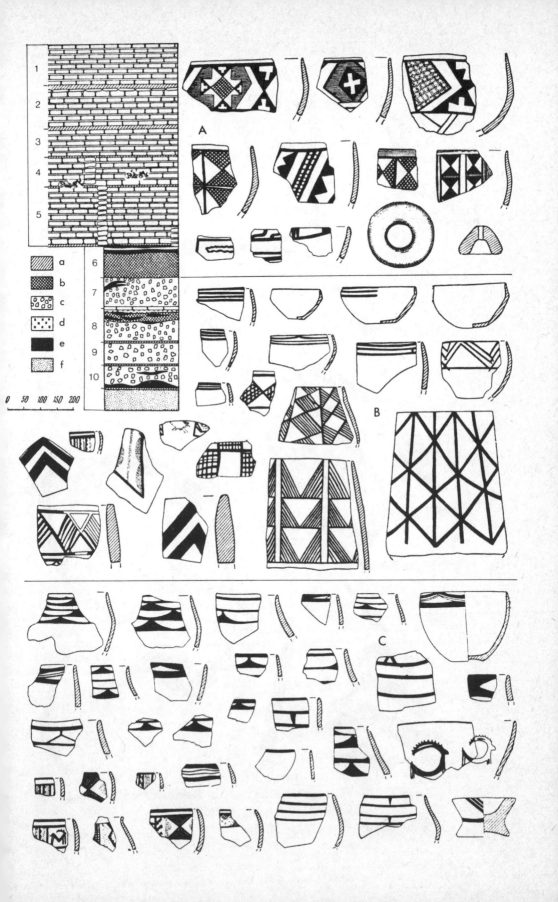

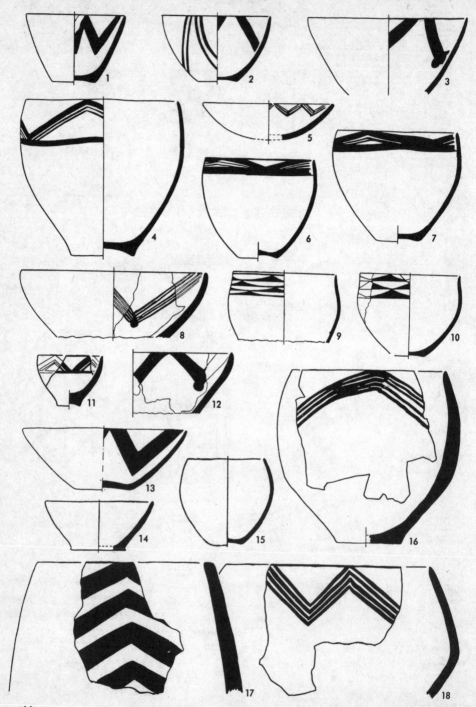

Abb. 13 A. Keramik, meist mit Bemalung, von Dašlydži-Tepe. 1—12 Schicht I—II; 13—18 Schicht II. — (Nach I. N. Chlopin).
M. 1:6

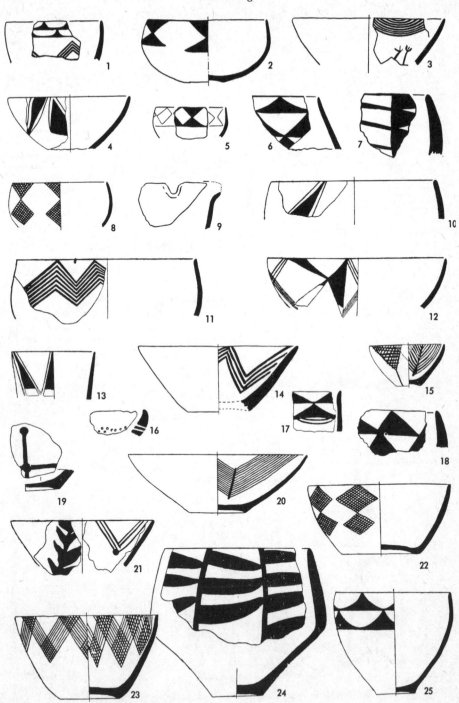

Abb. 13 B. Keramik, meist mit Bemalung, von Dašlydži-Tepe. 1—9 Schicht II; 10—25 Schicht III.— (Nach I. N. Chlopin).

M 1:6

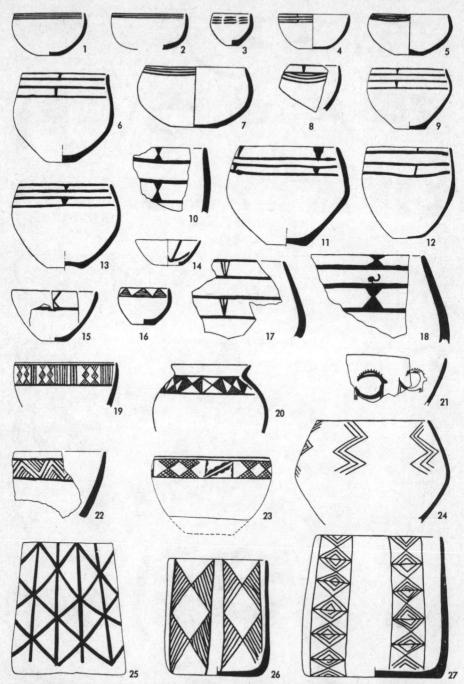

Abb. 14. Bemalte Keramik der Jalangač-Stufe von Geoksjur-Tepe 1 (21 Schicht 6; 25: Schicht 5), Geoksjur-Tepe 2 (4.5.7.23), Geoksjur-Tepe 3 (3.6.8—15.17—19.24), Geoksjur-Tepe 4 (16—20), Geoksjur-Tepe 6 (22), Geoksjur-Tepe 7 (1.2.27) und Geoksjur-Tepe 9 (26).— (Nach I.N. Chlopin). M. 1:6

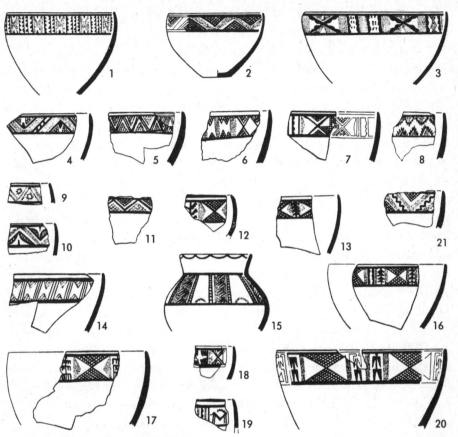

Abb. 15. Polychrom bemalte Keramik der Jalangač-Stufe von Geoksjur-Tepe 1 (12.19: Schicht 6), Geoksjur-Tepe 3 (1.7—9.11.14.16.17.20.21), Geoksjur-Tepe 4 (3.4.10.13.15), Geoksjur-Tepe 6 (2.5.6.18). — (Nach I. N. Chlopin).
M. 1:6

die sich durch einfarbig gemalte Dreiecks- und Rautenmuster auszeichnen und anscheinend als örtliche Nachahmungen der polychrom bemalten Importkeramik aufzufassen sind (Abb. 14,19.20.22.23). Ein Vergleich der durch diese Keramik, vor allem die (erstangeführte) Hauptgattung gekennzeichneten Schichten führte den Ausgräber zu dem Ergebnis, daß die letztangeführte Gattung nur in einer jüngeren Phase dieser Jalangač-Stufe auftritt, d. h., daß zwar der Beginn der polychromen Importware von Namazga II-Art mit dem Beginn dieser Stufe übereinstimmt, daß es aber erst im Verlauf ihres Bestehens zu lokalen Imitationen kam.

Die sog. *Geoksjur-Stufe* ist in vier Tells dieser Oase in den jeweils obersten Schichten vertreten: in Geoksjur-Tepe 1, und zwar in den dortigen Schichten 3—1, in Čong-Tepe, Mullali-Tepe und eventuell auch in Geoksjur-Tepe 9. In den beiden letzten Tells erscheint diese Stufe im einen Fall nur sehr gering ausgeprägt; im anderen ist sogar dieses geringfügige Erscheinen problematisch, was zu dem Schluß geführt hat, daß diese beiden Siedlungen nur gerade noch den Beginn (im zweiten Fall selbst dies ungewiß) dieser Stufe erlebt haben. Recht eigentlich bestanden während dieser Stufe die Siedlungen von Geoksjur-Tepe 1 und Čong-Tepe. Die späteste Keramikphase, wie sie in Schicht I von Čong-Tepe entgegentritt, ist nach Ansicht der Ausgräber in Geoksjur-Tepe 1 nicht mehr vertreten, so daß für diesen Platz mit einem etwas früheren Besiedlungsabbruch gerechnet wird. — Ebenso wie die Abfolge von Bauschichten nach Ansicht der Ausgräber eine kontinuierliche Entwicklung der Besiedlung anzeigt, so kommt auch in der Keramik dieser Stufe eine fließende Weiterentwicklung von derjenigen der vorangehenden Stufe zum Ausdruck. Bei im wesentlichen offenbar gleichbleibenden Gefäßformen zeigt die Bemalung (Abb. 16) einen gegenüber derjenigen der vorangehenden Stufe veränderten, reichhaltigeren Motivbestand und größtenteils eine ausgeprägte Polychromie. Zwar lassen sich zwischen beiden Stufen in der Ornamentik durchaus Hinweise auf eine Tradition erkennen; im Ganzen aber bietet die Feinkeramik der Spätstufe ein neuartiges, ungemein charakteristisches Bild. Dabei spielen figürliche Motive eine bemerkenswerte Rolle (Abb. 16,1—13,16—18.20; 16,19). Der Schematisierungsgrad ist unterschiedlich, insgesamt aber doch beträchtlich: Bei den Tierfiguren ist mitunter die Tierart bestimmbar, zuweilen sogar ein spezielles Motiv dargestellt: z. B. Mutter- und Jungtier (Abb. 16,12), oder eine den Beschauer anblickende Großkatze (Abb. 16,1.5.16); in anderen Fällen wird aber auf eine nähere Kennzeichnung verzichtet. Stilistisch sind diese Figuren in der Regel der geradseitig-geometrischen Art der Ornamentik angepaßt. Diese entwickelt sich aus der Zonenmusterung der vorangehenden Stufe, gestaltet diese aber aus. An Motiven sind gleichseitige Kreuze mit parallelen oder verbreiterten Armen, geradem oder schwalbenschwanzförmigem Abschluß, glatt oder mit Innenmuster besonders typisch, dazu Halbkreuze, Gitterfelder, Dreiecksgruppen, Rauten- und Zickzackmotive.

Diese so umschriebenen drei neolithisch-kupferzeitlichen Stufen der Geoksjurer Siedlungsgruppe (in der sowjetischen Forschung werden sie als äneolithisch oder kupferzeitlich bezeichnet) lassen sich aufgrund allgemeiner Erscheinungen und spezieller Importstücke in den Rahmen der neolithisch-kupferzeitlichen Stufenabfolge in der Vorgebirgszone zwischen Kopet-Dag und der Wüste Kara-Kum einordnen. Nachdem dafür lange Zeit die frühen Anau-Stufen (IA, IB, II)

Abb. 16. Bemalte Keramik der Geoksjur-Stufe von Geoksjur-Tepe 1 (1.4—6.8.9.15—17. 19—27.29—33.35—38) und Geoksjur-Tepe 5 (2.3.7.10—14.18.28.34). (Nach V. I. Sarianidi). M. 1:6

als maßgebend genommen wurden (Schmidt 1908), werden nach Bekanntwerden der 30 m mächtigen Schichtenfolge des Namazga-Tepe bei Kaach, wie sie B. A. Kuftin erschlossen hatte (Kuftin 1956), die dort herausgestellten sechs Stufen (I—VI) als Leitschema für die turkmenische und allgemein-mittelasiatische Chronologie verwendet; freilich wird mit Recht betont, daß einerseits die Umschreibung der einzelnen Namazga-Stufen noch durchaus nicht wünschenswert klar erfolgt ist und andererseits die hier in Erscheinung tretenden Formgesellschaften und Abfolgen nicht in allen Zügen für ganz Süd-Turkmenistan verallgemeinert werden können. Allgemein stellt sich die Parallelisierung zwischen Anau und Namazga so dar, daß die Stufe Anau IA in Namazga noch nicht vertreten ist; Anau IB entspricht Namazga I; Anau II entspricht Namazga II, während Namazga III in Anau nicht vertreten ist; Namazga IV—VI entspricht Anau III. Im zentralen Teil der Vorgebirgszone wird in der Keramikentwicklung der Wechsel von Namazga I zu II markiert durch das Erscheinen von polychromer Bemalung, der Wechsel von Namazga II zu III durch das Erscheinen bestimmter zoomorpher Motive. Diese Momente werden von den sowjetischen Ausgräbern der Geoksjurer Siedlungen allerdings für die Synchronisierung dieser letzteren nicht als strikt bindend angesehen, da über die spezielle Art der Weitergabe dieser Neuerungen keine Klarheit bestünde; im großen ganzen dürfen diese Namazga-Merkmale jedoch gewiß auf die wenig mehr als 100 km östlich von Namazga-Tepe gelegene Geoksjur-Oase angewandt werden.

Für eine Synchronisierung von Siedlungsschichten der Geoksjur-Oase mit Schichten des 15 km von Namazga-Tepe entfernt bei Artik gelegenen Kara-Tepe wird vor allem auf anthropomorphe Motive der bemalten Keramik Gewicht gelegt: In der Geoksjur-Oase treten diese in der Jalangač-Stufe auf (obere Siedlungsschicht von Jalangač-Tepe: Abb. 15,20; westlicher Baukomplex von Mullali-Tepe; zu synchronisieren ist Schicht 4 von Geoksjur-Tepe 1); entsprechende Belege in Kara-Tepe gehören den dortigen Schichten 4 und 5 an. Andererseits läßt sich die Geoksjur-Stufe mit den Schichten 1a bis 2 von Kara-Tepe verknüpfen, wobei der oberste Abschnitt (1a) durch Namazga III-zeitliche zoomorphe Motive gekennzeichnet ist, wie sie auch in der obersten Schicht von Čong-Tepe vorkommen (Abb. 16,1—10).

Allgemein ziehen die Ausgräber eine Datierung dieser Geoksjurer Siedlungsgruppe ins 4. Jahrtausend und ein Hineinreichen ins 3. Jahrtausend v. Chr. in Betracht. Dabei berufen sie sich auch auf eine C^{14}-Bestimmung aus der oberen Siedlungsschicht von Kara-Tepe (2750 v. Chr. ±220), die mit der Schlußphase der Geoksjur-Stufe parallelisiert wird (Chlopin 1963, 74 ff.).

Zwischen der durch die Besiedlung der Geoksjur-Oase bezeichneten Zeitspanne und der altneolithischen Stufe, die durch die südturkmenischen Siedlungen der Džejtun-Kultur (AVA-Mat. 10) verkörpert wird, klafft eine nicht unbeträchtliche Zeitspanne. In diese gehören zunächst Siedlungen wie die von Čopan-Tepe, Čagally-Tepe und Mundžukly-Tepe (AVA-Mat. 10,41 ff.) und dann, in einigem Zeitabstand, diejenige mit Anau I-Keramik.

Befestigungsanlagen

Bei etlichen Siedlungen der Geoksjur-Oase wurden Reste starker Umfassungsmauern festgestellt. In Akča-Tepe und Geoksjur-Tepe 9 verliefen am äußeren Rand der Kulturschicht bis 4,5 m breite Lehmfundamente, auf denen Mauern standen, in letzterem Tell dazu auf der Außenseite ein nahezu 14 m breiter Graben. Auch bei dem Stück einer dicken Lehmmauer in der zweitobersten Schicht von Jalangač-Tepe (Abb. 5, C) ist an die zeitweilige Umgrenzung einer Siedlung zu denken.

Kompletter konnten Siedlungsummauerungen in Mullali-Tepe (Abb. 6, B) und Jalangač-Tepe obere Schicht (Abb. 5, B) verfolgt werden; im Schema entsprechen dem gewisse Reste in Ajna-Tepe (Abb. 8, B), Geoksjur-Tepe 1 (Abb. 3) und Geoksjur-Tepe 9 (Abb. 11, B 9). Es handelt sich um Kränze aus geraden Mauerstücken von 8—10 m Länge und 50—60 cm Dicke, aus Lehm, zwischen denen jeweils ein Rundbau von 3—3,8 m Durchmesser sitzt; diese Rundbauten waren von innen her zugänglich und oft mit einem mit Lehm sorgsam verstrichenen Fußboden sowie einem kleinen Ofen aus Stampflehm versehen. Die Ausgräber möchten eine Verwendung solcher Rundbauten als Wohnungen in Betracht ziehen. Mitunter sind die nach außen weisenden Mauerpartien solcher Rundbauten doppelt so dick wie die nach innen weisenden. Ob hier wirklich, wie erwogen wurde, an Türme gedacht werden darf, mag dahingestellt sein bzw. erscheint eher ungewiß. Die Rekonstruktion von Türmen, die die schätzungsweise mehr als 2 m hohen Mauern noch überragt hätten, erweckt die Vorstellung regelrechter Festungen, bei denen eine Verteidigung von diesen Ecktürmen aus erfolgen konnte. Als Verteidigungswaffen standen Pfeile praktisch nicht zur Verfügung; jedenfalls gibt es unter den Kleinfunden kaum etwas, was als Pfeilspitze gedeutet werden könnte. Statt dessen treten aus Lehm geformte, etwa hühnereigroße Schleuderkugeln in einiger Anzahl auf. Vom Fortifikatorischen her bestehen allerdings Zweifel an der Zweckmäßigkeit einer solchen Festungskonstruktion mit Türmen, von deren oberer Plattform aus die Siedlung hätte verteidigt werden sollen. Die Ausgräber versichern, daß nirgends Spuren einer gewaltsamen Zerstörung dieser Ummauerungen mit Rundbauten hätten festgestellt werden können. Vielleicht sollten wir statt der Mauer-Türme-Hypothese eher in Betracht ziehen, daß die Rundbauten funktional wirtschaftlichen Zwekken, vor allem als Speicher, dienten, wie dies für frei stehende Rundbauten mit gutem Grunde angenommen wird; diese als Kranz oder Halbkreis um die betreffenden Wohnhäuser herum anzuordnen und sie durch Zwischenmauern zu verbinden, mochte naheliegen, wobei der Gesichtspunkt, dadurch die Sicherheit und Geschlossenheit der Gesamtanlage zu erhöhen, mit eine Rolle gespielt haben dürfte. Ohne die Absicht des Schutzes gering einzuschätzen (wenngleich nicht unbedingt verbunden mit der Vorstellung einer Verteidigung im strengen Sinn des Wortes), könnte bei diesen Anlagen eine Geschlossenheitswirkung im Sinn einer gewissen Monumentalität intendiert gewesen sein.

Form und Bauweise der Häuser

Die Gebäude der neolithisch-kupferzeitlichen Siedlungen der Geoksjurer Oase sind durchweg aus rechteckigen (stets luftgetrockneten) Lehmziegeln errichtet, deren Ausmaße schwanken (35—45×23—25×10—12 cm). Meist haben die Wände die Dicke einer Ziegellänge, mitunter aber auch von deren zwei (Mullali-Tepe Haus 7; Jalangač-Tepe Haus 1: Abb. 6,7; 5, B 1; Geoksjur-Tepe 9: Abb. 11,6; manchmal besteht auch nur *eine* Hauswand aus zwei Ziegelreihen: Ajna-Tepe Haus I1: Abb. 8, B I 1), vereinzelt sogar vier (Akča-Tepe Rundbau 13: Abb. 4,13; Mullali-Tepe Rundhaus 22: Abb. 6, B 22). Meist sind die Wände außen und innen glatt; einigemal kommen jedoch auf der Außen-, vereinzelt auch der Innenseite pfeilerartige Wandverstärkungen vor (Abb. 17, 16.20.21.25.31.38), die vermutlich mit der Decken- bzw. Dachkonstruktion in Verbindung zu sehen sind. Nur bei einem Haus von Geoksjur-Tepe 9 (Abb. 11, B 6; 17,35) zeigen solche Pfeiler auf der Außenseite eine Regelmäßigkeit (vgl. auch Abb. 17,31). Daß die Rechteckhäuser ein Flachdach hatten, darf wohl vorausgesetzt werden.

Ein Fundament aus Stein wurde nie festgestellt. Die Wände waren mit Lehm verputzt, oft braun, seltener grünlich bis schwarz; zuweilen konnten mehrere solche Verputzschichten ermittelt werden. Reste von Bemalung fanden sich nicht, wie solche in Süd-Turkmenistan aus den Namazga I-zeitlichen Siedlungen Jassy-Tepe und Anau bekannt sind. Die Fußböden pflegen eine oder mehrere Lehmschichten aufzuweisen. Mitunter sind diese schwarz, z.T. aber rot. Die Türen (Breite 40—60 cm) zeichnen sich oft durch eine Schwelle aus, die zuweilen beträchtlich hoch ist. Bei einigen Häusern wird die Grundfläche durch dicht nebeneinander verlaufende, parallele Mauern bezeichnet (Abb. 17,5—7.13); hier dürfte mit einem auf diesen Lehmmauern liegenden Holzfußboden gerechnet werden.

Hinsichtlich der *Hausform* waren hauptsächlich viereckige Einzelhäuser üblich, die entweder ganz frei standen oder an eine Hofmauer anschlossen. In der *Frühphase* der Geoksjur-Besiedlung, aus der die Schichten von Dašlydži-Tepe vorliegen (Abb. 10), haben wir es mit einem charakteristischen Typus zu tun (Abb. 17,1.3.9.10.14.18): Er ist einräumig, quadratisch oder rechteckig, meist recht klein (4—11 qm). Die Türöffnung besaß eine mittelhohe Schwelle; an der

Innenseite befand sich manchmal ein Türangelstein. Vom Eingang aus in der linken Ecke stand ein quadratischer, aus hochkant stehenden Ziegeln bestehender, mit Lehm verstrichener Herd; die Heizöffnung lag an der äußeren Ofenecke. Eine andere Hausecke war durch eine 0,8—1,0 m hohe Lehmwand abgeteilt; im übrigen war die innere Hausfläche frei. Typologisch zeigen diese Häuser eine (genetisch zu deutende) Verwandtschaft mit denen der Džejtun-Kultur (AVA-Mat. 10, 16ff.).

Von den normalen Häusern von Dašlydži-Tepe unterscheidet sich Haus 1 durch seine Größe (28 qm) und auch darin, daß es in allen drei untersuchten Schichten an derselben Stelle liegend und in der Form übereinstimmend nachgewiesen werden konnte (Abb. 17,33.34). Die für die normalen Wohnhäuser typischen Teile der eingebauten Inneneinrichtung (s. oben) fanden sich indes auch bei ihm, so daß bei ihm zwar eine graduell — aber wohl nicht prinzipiell andere Funktion in Betracht zu ziehen ist.

In der *Jalangač-Stufe* zeigen die Siedlungsbefunde einen anderen Bestand typischer Hausformen. Von den Tells Jalangač, Mullali, Ajna, Akča, Geoksjur 7 und 9 sind insgesamt aus dieser Stufe 20 Rechteck-Wohnhäuser grundrißmäßig erfaßt worden, bei denen aufgrund der Wände und der Fußböden vier Gruppen zu unterscheiden sind.

Zur *ersten Gruppe* gehören die Häuser Jalangač-Tepe II 6 und 7; Mullali-Tepe I 13 und 14; II 1; Geoksjur-Tepe 9 Nr. 7 und 10 (Abb. 17,11.16.20.21.36; 5, C 7; 6, B 14): Es sind rechteckige Einzelhäuser, deren Fläche zwischen 7 und 18 qm schwankt; die Tür hat entweder eine Schwelle oder keine; auf der Innenseite pflegt neben der Tür ein Sockel angebracht zu sein, durch den eine Raumecke abgeteilt wurde; die Tür weist nach unterschiedlichen Himmelsrichtungen.

Zu einer *zweiten Gruppe* der Jalangač-Stufe werden neun Wohnhäuser gerechnet: Jalangač-Tepe II 13, 16, 18 und 19; Mullali-Tepe I westlicher Baukomplex 23; II westlicher Baukomplex 2 und 3; Geoksjur-Tepe 7 Nr. 2; Akča-Tepe 17 (Abb. 17,8.12.19.24; 18,6; 5, C 13.19; 6, II 2.3). Sie weisen alle links vom Eingang einen Eckofen auf (mit Ausnahme von Mullali-Tepe 23); rechts neben dem Eingang findet sich in zwei Fällen eine die Ecke abtrennende Lehmwand. Die Tür, mit hoher Schwelle, weist nach unterschiedlichen Richtungen. Die Wände sind sorgfältig verputzt, der Fußboden mit mehreren Lehmschichten überzogen. Die Größe der nahezu quadratischen Räume schwankt zwischen 4 und 16,5 qm (im Durchschnitt etwa 9 qm).

Die *dritte Gruppe* umfaßt vier Häuser: Jalangač-Tepe I 2; II 4; Ajna-Tepe III 4, möglicherweise auch 1 (Abb. 18,4.7; 5, B 2; 8, B III 1). Ihre Größe (8—10 qm), ihr zweiteiliger Eckofen und ihre durch eine Zungenmauer abgeteilte andere

Form und Bauweise der Häuser

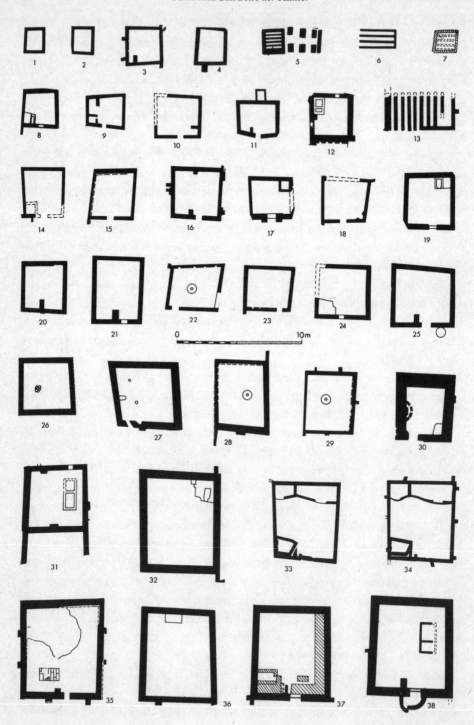

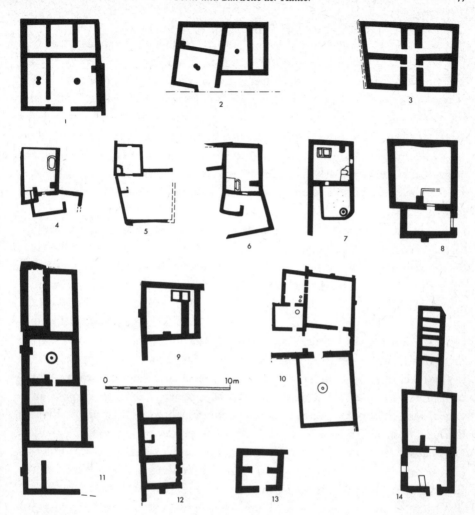

Abb. 18. Grundrisse mehrräumiger Häuser der Siedlungen von Geoksjur 1.3.6.8.9 (vgl. Abb. 2—11). — 1=2,8—10; 2=2,25.29.30; 3=8, BII 1—4; 4=5, C4; 5=10, C16.18; 6=5, C18; 7=8, BII 4.5; 8=11, B3.4; 9=2, 38; 10=7,12.13.39—41.46.52; 11=2,17.34.31.28;12=2,35.36; 13=5, C5; 14=6,12.14.

M. 1:300

Nebenstehend:
Abb. 17. Grundrisse von einräumigen Häusern der Siedlungen Geoksjur-Tepe 1—9 (vgl. Abb. 2—11). — 1=10, C11; 2=5, C10; 3=10, C12; 4=5, C3; 5=5, C12, 6=6 neben 13; 7=5, C20; 8=5, C16; 9=10, D7; 10=10, D4; 11=6, 13; 12=4, 17; 13=5, B6, 14=10, D14; 15=7, 26; 16=5, C6; 17=6, 11; 18=10, D5; 19=6, 23; 20=11, B10; 21=11, B7; 22=7, 21; 23=7, 20; 24=9, 2; 25=8, BII 5; 26=11, B1; 27=6, 6; 28=7, 10; 29=7, 29; 30=2, 3; 31=4, 5; 32=6, 9; 33=10, D1; 34=10, C1, 35=11, B6; 36=6, 1; 37=5, C1; 38=5, B1.

M. 1:300

Raumecke entsprechen den Häusern der zweiten Gruppe; von dieser unterscheiden sie sich durch einen zweiten, zugehörigen Raum und durch ein freistehendes, zweiteiliges, rechteckiges Glutbecken aus Stampflehm.

Trotz der deutlich in Erscheinung tretenden Eigentümlichkeiten dieser Wohnhäuser der Jalangač-Stufe bestehen typologische Beziehungen zu denen der vorangehenden Dašlydži-Stufe, so daß an einer allgemeinen Formtradition nicht zu zweifeln ist. Eine gewisse Entwicklung scheint von der einen zur anderen Stufe insofern stattgefunden zu haben, als die dem Ofen gegenüberliegenden Wandsockel bei den Dašlydži-Häusern in einer beliebigen Ecke lagen, bei den Häusern der Jalangač-Stufe jedoch an einem festen Platz: rechts neben dem Eingang.

Vierte Gruppe: In allen Siedlungen der Jalangač-Stufe (Jalangač-Tepe, Mullali-Tepe, Ajna-Tepe, Akča-Tepe und Geoksjur-Tepe 9) wurde jeweils *ein* Gebäude angetroffen, das sich von den übrigen unterscheidet, nicht in allen Merkmalen, sondern nur in einigen, und sich in diesen letzteren zu einer Gruppe zusammenschließen (Abb. 17,31.35.38; 4, B 5; 5, B 1; 6,7; 8, III 4; 11, B 6). Sie sind größer als die anderen Häuser (zweimal fast 37 qm, zweimal 22 qm, gegenüber den übrigen Häusern mit 15—18 qm); sie lagen gesondert von den anderen Häusern etwa in der Mitte der Siedlungsfläche; ihre Wände sind oft doppelt so dick (50 cm) wie diejenigen anderer Häuser (die Ziegel sind längs und quer verbunden); innen sind die Ziegelwände mit braunem oder grünlichem Verputz überzogen; den Fußboden bilden mehrere Lehmschichten. Die stratigraphischen Befunde in Jalangač-Tepe sowie in Mullali-Tepe lassen erkennen, daß diese Großhäuser durch eine längere Zeitspanne hindurch (3—4 Baustufen) an derselben Stelle bestanden, währenddessen nur der Fußboden durch wiederholten Lehmbelag etwas anwuchs. Der Eingang liegt meist auf der Südostseite, einmal im Osten, einmal im Nordosten. Unmittelbar links hinter dem Eingang pflegt ein glatter, verputzter Lehmsockel zu stehen, ähnlich wie bei den anderen Häusern, für den von den Ausgräbern entweder eine tektonische Funktion in Betracht gezogen wird, oder der als Rest eines einst hier stehenden Ofens gedeutet wird, bei dem aber freilich auch an eine andere Bedeutung gedacht werden kann. Die Eingangsseite weist üblicherweise einen windfangartigen Vorbau auf. Besonders bemerkenswert — den Unterschied zu den anderen Wohnhäusern unterstreichend — ist der rechteckige Lehmrahmen, der in der hinteren Raumhälfte etwas zur Seite geschoben, aber nicht an die Wand reichend, frei auf dem Fußboden angebracht ist, etwa 20 cm hoch und 10 cm dick, dessen Länge doppelt so groß ist wie die Breite. In Akča-Tepe ist in der Südecke dieses Rahmens eine 15—20 cm hohe Lehmsäule erhalten. Das Innere dieses Lehmrahmens ist glatt und durch einen Steg bzw. Wulst aus Lehm in zwei etwa gleich große Teile gegliedert. Dabei ist die hintere Hälfte meist durch eine Anzahl dort angebrachter Lehmschichten höher und oben glatt gestrichen (zum Schluß in der Höhe des Rahmens, so daß dieser eine Stufe gegenüber der anderen Hälfte bildete), aber ohne Brandspuren. Demgegenüber ist die vordere (dem Eingang zu liegende) Hälfte zwar ebenfalls glatt gestrichen, aber mit Spuren von hier brennendem Feuer versehen; davon rührt eine runde, tief durchgebrannte Stelle von 15 cm Durchmesser in seiner Mitte her. Die Ausgräber betonen den Unterschied zwischen diesen Anlagen und den Öfen anderer Häuser (wie solche in diesen Großhäusern nicht angetroffen wurden) und sind der Ansicht, daß für sie eine Deutung als Opferplätze vorauszusetzen wäre (s. S. 72). Andererseits ist es fraglich, ob allein deswegen eine nicht nur graduell, sondern prinzipiell andere Funktion dieser Feuerstellen und damit dieser Häuser, verglichen mit den übrigen Wohnhäusern, angenommen werden darf.

Bemerkenswert ist weiterhin, daß das Haus dieser Art in der zweiten Bauschicht von Jalangač-Tepe auf der Eingangswand eine Lehmplastik in Form eines liegenden E mit 15 Löchern besitzt (Abb. 32,20), eine einmalige Erscheinung, die schwerlich ohne symbolische Bedeutung zu verstehen ist. Gegenüber dieser Seite fanden sich in der Wand drei in einer Reihe angeordnete, 10×10 cm große Öffnungen, gleichfalls etwas Singuläres unter den Gebäuden der Geoksjurer Oase.

Ein weiterer, charakteristischer Haustyp der Jalangač-Stufe sind *Rundhäuser*: Jalangač-Tepe (Abb. 5, B 12), Mullali-Tepe (Abb. 6,22), Akča-Tepe (Abb. 4, B 13) und Geoksjur-Tepe 7 (Abb. 9,1). Ihr Durchmesser beträgt 6—7 m; ihre Wände sind ausgesprochen dick (zwei Ziegelreihen, bis 1 m). Bedauerlicherweise waren die Erhaltungsverhältnisse meist nicht wünschenswert gut, so daß eine Gesamtbeurteilung schwer ist. Nur bei dem Rundbau von Akča-Tepe konnte bei den vergleichsweise hoch erhaltenen Wänden eine Neigung nach innen festgestellt werden; es drängt sich daher die Frage auf, ob nicht eventuell alle diese Rundbauten kragkuppelgedeckt waren. Dafür könnte die bemerkenswerte Mauerdicke sprechen, aber auch der Umstand, daß im Innenraum eines solchen Baues (von Jalangač-Tepe) zahlreiche Ziegel angetroffen wurden. Einmal konnte im Inneren eine durch eine Lehmwand abgeteilte Ovalfläche ermittelt werden (Abb. 6,22), die eine runde Grube mit Brandspuren auf den lehmverstrichenen Wänden enthielt; auf dem Fußboden lagen vier Mahlsteine. Ein anderer Rundbau (Geoksjur-Tepe 7), mit einem Eingang im Osten, besaß im Inneren zwei kurze Ziegelmauern und in der Mitte einen Rundherd mit Mittelloch, dessen Wände leicht angebrannt waren (I. N. Chlopin spricht von einem „Opfertisch").

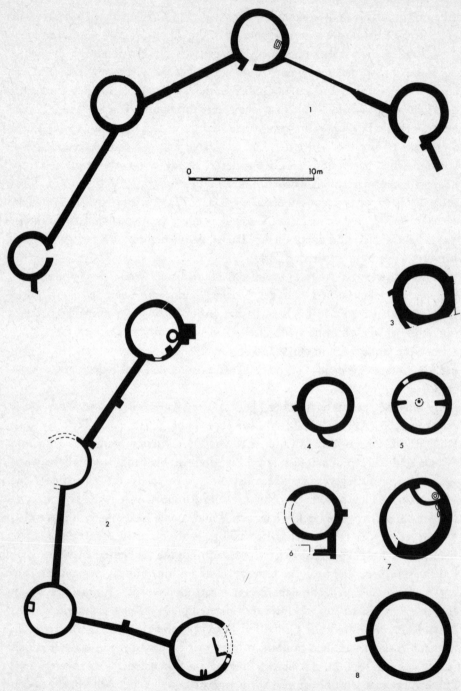

Abb. 19. Grundrisse von Rundbauten in den Siedlungen von Geoksjur 1.2.3.4.7. (vgl. Abb. 2—9) — 1=6,18.21; 2=5, B 8—11; 3=4, B 13; 4=6,17; 5=9,1; 6=3; 7=6,22; 8=5, B 12.
M. 1:300

Als reguläre Wohnhäuser kommen nach Überzeugung des Ausgräbers diese Rundbauten nicht in Betracht. Vielmehr ist die oben genannte lehmverstrichene Grube mit ähnlichen Anlagen anderer Siedlungen in Verbindung zu bringen, wo sie nachweislich der Vorratsspeicherung dienten.

Aus dem Spätabschnitt der Geoksjurer Siedlungsgruppe, der *Geoksjur-Stufe,* liegen Hausreste von Geoksjur-Tepe 1 (Abb. 2) und von Čong-Tepe (Abb. 7) vor, die gewisse Besonderheiten der Hausformen, ihrer Bauweise, Ausstattung und Anlage erkennen lassen. Die technologischen und typologischen Gemeinsamkeiten mit den Häusern der vorangehenden Stufen sind zwar augenfällig; und auch bei dem dichten Nebeneinanderliegen von Häusern ist durch einen wenigstens ganz schmalen Spalt angedeutet, daß es sich um Einzelhäuser handelt, wie dies ähnlich seit der Dašlydži-Stufe bekannt war (vgl. Abb. 10); dennoch stellt die Art des Nebeneinanderliegens der Häuser an durchlaufenden Straßenzügen wie auch die Mehrräumigkeit von Einzelhäusern etwas Neues gegenüber den älteren Zeitstufen dieser Oasenbesiedlung dar.

In der obersten Schicht des Geoksjur-Tepe 1 (Abb. 2) wurden vom Ausgräber mehrere Gruppen solcher mehrräumiger Häuser unterschieden. Wenn dabei allerdings die Räume 1—7 zu einem einheitlichen Haus gerechnet werden, so erheben sich nach der publizierten Grundrißwiedergabe Zweifel an ihrer Zusammengehörigkeit, gleicherweise ihrer Erbauung wie ihrer Funktion nach. Zwar gruppieren sich die Räume alle um einen im Süden durch eine Mauer abgeschlossenen Hof; aber die beiden Räume 1 und 2 sind von diesem Hof aus nicht zugänglich; der Eingang in den Raum 2 erfolgt vielmehr von Norden; und die Räume 4, 5 und 3 sind im Prinzip selbständige, einräumige Häuser; die beiden ersteren stehen sogar in einem gewissen Winkel zueinander, wie andererseits die beiden Räume 6 und 7 zu dem (türlos) anstoßenden Raum 3 gewinkelt liegen.

Zu einem einheitlichen Haus gerechnet werden sodann die Räume 8—10 (Abb. 18,1). Nach dem publizierten Grundriß handelt es sich hier tatsächlich um ein einheitlich geplantes und gebautes Haus (etwa 50 qm), bei dem Raum 8 von dem oben genannten Hof aus zu betreten ist, mit einem runden Ofen in der Mitte versehen, während die Verbindung der drei Räume 10 mit den Räumen 8 und 9 unklar ist; die vier herdlosen Räume dürften wirtschaftlichen Zwecken gedient haben.

Zu einem zusammengehörigen Raumkomplex werden sodann die Räume 25, 26, 29 und 30 (Abb. 18,2) gerechnet. Auch bei den Räumen 31, 28, 17 und 34 könnte an eine Zusammengehörigkeit zu einem Haus gedacht werden.

Wenngleich mit dieser Geoksjur-Tepe-1-Architektur eine Verwandtschaft aufweisend, zeigt diejenige der Spätphase von Čong-Tepe (Abb. 7) gewisse eigene

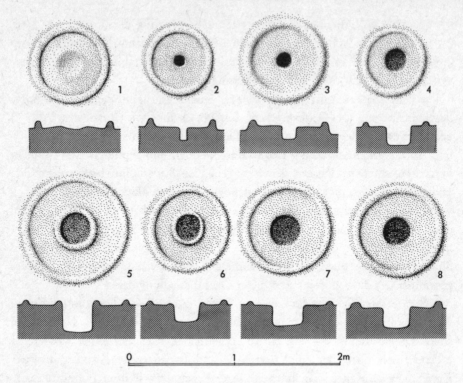

Abb. 20. Rundherde aus Geoksjur-Tepe 5 (Čong-Tepe, 1 Haus 33; 2 Haus 52; 3 Haus 21; 4 Haus 29; 5 Haus 10), Geoksjur-Tepe 6 (Ajna-Tepe, 6 III Haus 5), Geoksjur 7 Haus 1 (7), Geoksjur 1 Haus 31 (8). — (Nach I. N. Chlopin, V. I. Sarianidi).
M. etwa 1:30

Züge. Dazu gehören vor allem die fünf großen Einzelräume (zwischen 17 und 7,5 qm schwankend), die einen runden, in den Fußboden eingetieften Rundherd (Dm. 30 cm) aufweisen (Abb. 20,1—5), und von denen offenbar keine weiteren Räume aus zugänglich waren (Räume 10, 33, 29, 52, 21). Aber es fehlt durchaus nicht an mehrräumigen Häusern, die als solche einheitlich geplant und gebaut waren, so die Räume 48—51, wohl auch die Räume 39—41,13,12,45 (Abb. 18, 10). Ähnlich wie bei den besonders großen, durch eine besondere Feuerstelle gekennzeichneten Häusern der Jalangač-Stufe vermutete I. N. Chlopin auch bei den letztangeführten Großräumen von Čong-Tepe, aber auch bei dem damit annähernd gleichzeitigen Raum 31 von Geoksjur 1, einen kultischen Charakter. Dieser Geoksjur-Raum 31, nicht eben groß (3,5×4 m), mit verputzten Wänden und mehreren Lehmschichten auf dem Fußboden versehen, weist links vom Eingang wieder einen rechteckigen Lehmsockel auf; in der Nordecke des Raumes war eine 1,5×1,1 m große Fläche mit Keramik gepflastert; in der Mitte befand sich ein runder Lehmsockel mit erhöhtem Rand (Dm. 70 cm, 15—18 cm hoch) und einem im Durchmesser 20 cm großen senkrechten Mittelloch (Abb. 20,8), das mit weißer Asche gefüllt war.

Daß die letztgenannte Rundherdform nicht erst in der Spätstufe der Geoksjurer Besiedlung erscheint, sondern daß ähnliche Anlagen bereits sehr viel früher bekannt waren, bezeugt Raum 5 der dritten Bauschicht von Ajna-Tepe (Abb. 8, B III 5), wo ein solcher Herd (Abb. 20,6) in einer Raumecke stand (Dm. 70 cm; H. 6 cm); die Mittelpartie barg eine vom Feuer verkrustete Schicht. Annähernd gleichzeitig ist ein solcher Rundherd in dem Rundgebäude von Geoksjur 7 (Abb. 20,7).

Wirtschaftliche Verhältnisse

Ernährungswirtschaft

Ackerbau: Die ernährungswirtschaftliche Grundlage der Geoksjur-Siedlungsgruppe bildete der Ackerbau, vor allem der Anbau von Getreide. Wie in der Namazga I-zeitlichen Schicht IB von Anau (Schellenberg 1908) so wurden auch in Mullali-Tepe (obere Schicht, auf dem Fußboden von Haus 14) zahlreiche Getreidekörner gefunden, darunter solche von zweireihiger Gerste (Hordeum distichum) und Weizen (Triticum vulgare Will) sowie ein Samenkorn von Astragalus, einem zusammen mit den Nutzpflanzen wachsendes Unkraut. Dabei ist Gerste ungefähr dreißigmal stärker vertreten als Weizen (Untersuchungen von A. V. Kir'janov). Daß sonst bei diesen Ausgrabungen keine Getreidereste entdeckt wurden, ist durch die Erhaltungsbedingungen erklärlich. Wir müssen uns da mit einer Vergegenwärtigung der für den Getreideanbau vorauszusetzenden allgemeinen Bedingungen begnügen. Seit der altneolithischen Džejtun-Kultur in Süd-Turkmenistan bezeugt (AVA-Mat. 10,23), ist von dieser Zeit an dort allenthalben mit einem Anbau von verschiedenen Arten Gerste und Weizen zu rechnen. Die gebirgigen Teile des südlichen Turkmenistan gehören sogar zu den Gebieten, in denen gewisse Getreidearten wild vorkommen (Berg 1952, 209, so wilde Gerste: Hordeum spontaneum). Ein regelrechter Anbau außerhalb des Gebirges erforderte aber eine künstliche Bewässerung, wobei das Aufstauen der im Frühjahr nach der Schneeschmelze Hochwasser führenden Flüsse wichtig war. Von den zahlreichen, sich vom Kopet-Dag in die turkmenische Ebene ergießenden und dort mehr oder weniger schnell versickernden Flüssen ist der Tedžen einer der längsten, der heute ein weit verzweigtes Delta in der Wüste bildet. Wenn das Tedžen-Delta erstmalig in der späten Namazga I-Stufe besiedelt (s. S. 85 ff.) wurde, eben durch Begründung der Geoksjurer Siedlungskammer, so liegt dem gewiß die Landnahme einer kleinen agrarischen Bevölkerungsgruppe zugrunde. Die naturlandschaftlichen Bedingungen für eine künstliche Bewässerung waren günstig. Während damit verbundene Anlagen, vor allem Kanäle, aus den frühen und mittleren Abschnitten dieser Oasenbesiedlung unter dicken Alluvialschichten begraben sind und sich dadurch der Erfassung entziehen, konnten solche aus der späteren Phase nahe dem Geoksjur-Tepe

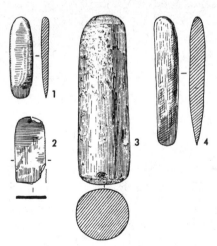

Abb. 21. Felssteingeräte der Jalangač-Stufe von Geoksjur-Tepe 3 (3) und Geoksjur-Tepe 6 (1.2.4). — (Nach I. N. Chlopin). M. etwa 1:3

1 und dem Mullali-Tepe nachgewiesen werden, im ersteren Fall Gräben, im zweiten ein Wasserbehältnis von 3000 qbm Fassungsvermögen (Lisicyna 1963, 102). Vermutlich ebenfalls dieser Spätphase gehört ein etwa 3 km langer Kanal (Querschnitt 2×3 m) an, der vom Hauptdeltaarm in rechtem Winkel abging, und der fächerartige Abzweigungen besaß. Hier könnte, wie I. N. Chlopin annimmt, ein letzter Versuch vorliegen, dem allmählichen Rückgang der Wasserführung in diesem Gebiet durch gesteigerte technische Maßnahmen entgegenzuwirken. Aber diese Bemühungen waren vergebens; die Austrocknung ging weiter und führte bald zum Abbruch der Besiedlung.

Geräte zur Feldbestellung in Form von Hacken sind nicht nachgewiesen, wohl aber — indirekt — Grabstöcke, nämlich durch durchlochte Steinscheiben (Abb. 26,15.16), die als Grabstockbeschwerer zu deuten sind. Sie erscheinen unter den Siedlungsfunden der Geoksjur-Oase recht häufig, und zwar von der Jalangač-Stufe an. Sofern das Fehlen in den zeitlich vorangehenden Siedlungen, vor allem in Dašlydži-Tepe selbst, nicht auf Zufall beruht, wäre dies nach I. N. Chlopin eventuell ein Hinweis darauf, daß in der ältesten Phase der Besiedlung auf Limanböden gesät wurde, die nicht bearbeitet zu werden brauchten, jedenfalls nicht so kräftig wie mit den steinbeschwerten Grabstöcken.

Geerntet wurde mit Erntemessern, die Steinklingen als Einsätze besaßen (Abb. 22). Gebrauchsspuren bezeugen diese Funktion (Untersuchung von G. F. Korobkova). Die meisten Klingen sind schmal und von prismatischen Nuklei

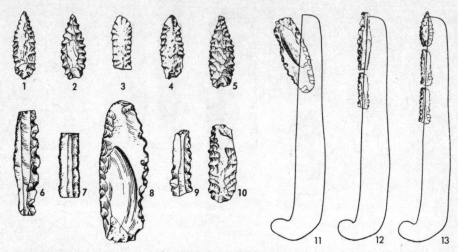

Abb. 22. Silexgeräte der Jalangač-Stufe von Geoksjur-Tepe 3 (2.4—10) und Geoksjur-Tepe 4 (1.3) sowie Rekonstruktion von Erntemessern (11—13). — (Nach I. N. Chlopin). M. etwa 1:2

hergestellt (Abb. 22, 1—10). Aufgrund dieser Klingen sind mehrere Formen von Erntemessern zu unterscheiden. Zu einer ersten gehörten kleine Klingen mit gezähnter Schneide und Gebrauchsspuren entlang der ganzen Schneide, nicht jedoch an der Spitze. Klingen dieser Art bildeten, aneinandergesetzt, die Schneide eines aus Holz oder Knochen geschnitzten Messerrückens, während mandelförmige Klingen mit einer Spitze den vorderen Teil solcher Geräte darstellten (Abb. 22, 13). Zu einer zweiten Messerform gehören große Klingen, die Gebrauchsspuren nicht nur längs der Arbeitskante aufweisen, sondern mitunter auch am oberen Ende des Gerätes. Offenbar saßen diese Klingen so im Messergriff, daß ihr Ende über den Griff hinausragte (Abb. 22,12). Eine weitere Klinge schließlich läßt aufgrund des schrägen Abschlusses ihrer Gebrauchsspuren erkennen, daß sie schräg im Griff eingelassen war (Abb. 22,11). Von den Erntemessern der Džejtun-Kultur (AVA-Mat. 10 Abb. 8) unterscheiden sich diejenigen der Geoksjur-Siedlungen dadurch, daß die ersteren meist unretuschierte Klingen als Einsätze besaßen, während für die letzteren sägeartig retuschierte Klingen kennzeichnend sind. Versuche ergaben eine gute Verwendbarkeit von Erntemessern dieser Art: Büschel von 20 Gerstenhalmen sind mit ein bis zwei Schnitten abzuschneiden, wobei die Messer erstaunlich lange verwendungsfähig bleiben. Ob das Auftreten verschiedener Erntemesserformen in denselben Siedlungen besagt, daß sie für unterschiedliche Pflanzenarten verwendet wurden, ist ungewiß.

Die Getreidekörner konnten auf verschiedene Weise verarbeitet werden: Auf Mahlsteinen konnten sie zu Mehl gemahlen werden, aus dem dann Fladen gebakken wurden; oder die Körner wurden in Mörsern (Abb. 23,28) zerstoßen (Abb. 21,3) und dann zu Brei gekocht. Gebacken wurde im Wohnraum in großen Öfen, die nach ihren bautechnischen Eigenheiten auch als Tandyre dienten. Aus Gerste konnte außer Brei auch ein leicht alkoholisches Getränk zubereitet werden.

Die landwirtschaftlichen Nebenprodukte, hauptsächlich Stroh und Spreu, fanden Verwendung zerhackt als Beimischung von Lehm für die Herstellung von Ziegeln und des Wandverputzes. Für die Dächer der Häuser dürften Schilf und Strohbündel benutzt worden sein; mit strohvermischtem Lehm wurde das fertige Dach überdeckt. Ob mit Stroh das Vieh im Winter gefüttert wurde, ist ungewiß.

Viehhaltung: Archäologische und osteologische Funde bezeugen, daß die Viehhaltung in den Geoksjurer Siedlungen eine wichtige Rolle spielte. Diese dürfte weidewirtschaftlicher Art gewesen sein; dabei könnten auch Hunde herangezogen worden sein, die bezeugt sind.

Tierknochen wurden in allen untersuchten Siedlungen der Geoksjur-Oase in beträchtlichen Mengen gefunden (Untersuchung von A. I. Ševčenko und V. N. Calkin). Die folgenden Tabellen bringen die Gesamtzahl der nachgewiesenen Tiere (Tab. 1) und der einzelnen gefundenen Knochen (Tab. 2).

Das Übergewicht von Ziegen und Schafen ist zum einen durch die Frühreife dieser Tiere im Vergleich zum Rind bedingt, zum anderen wohl durch größere Herden. In den jüngeren Siedlungen ist dieses Übergewicht besonders auffallend. Im Dašlydži-Tepe betrug das Verhältnis von Rind zu Schaf/Ziege 1:5; in der Jalangač-Stufe schwankt es zwischen 1:3 und 1:7; in der Geoksjur-Stufe stieg es auf 1:11 an. Dieser Zuwachs an Ziegen und Schafen kann mit klimatischen Bedingungen, aber auch mit dem allmählichen Versiegen des Tedžener Deltas in Zusammenhang stehen. In einem von Dürre bedrohten Gebiet konnte das Halten von Kleinvieh wegen seiner Anspruchslosigkeit vorteilhaft sein.

Die Rinder zeichneten sich durch lange Hörner aus und waren allgemein recht groß: Ihre Höhe bis zum Widerrist dürfte 125—130 cm betragen haben. Schweineknochen kommen in geringerer Anzahl vor. Die Schweine waren große, in Pferchen gehaltene Tiere. Einen bedeutenden Anteil an der Tierhaltung hatten sie nicht.

Dieses allgemeine Bild der Tierhaltung stimmt mit dem in anderen Gebieten des Vorderen Orients aus dieser Zeit feststellbaren weitgehend überein.

Zeitstufen	Fundorte	Haustiere						Wilde Tiere										Gesamtzahl von Haus- und wilden Tieren	Gesamtzahl der Haustiere in Prozenten	
								Steppen				Auen-wald								
		Rinder	Kleinvieh	Schwein	Hund	Gesamtzahl	Verhältnis zwischen Rind- u. Kleinvieh	Schaf	Ziege	Pferd (Kulan)	Džejran (Gazelle)	Saiga	Buchara-Hirsch	Eber	Hase	Fuchs	Vogel	Gesamtzahl		
Dašlydži	Dašlydži-tepe	3	15	4	1	23	1 : 5	3	—	1	1	—	—	—	—	—	5	28	82, 14	
Jalangač	Jalangač-tepe	8	50	2	—	60	1 : 6	—	1	1	4	2	—	—	1	—	9	69	86, 95	Durchschnitt der Haustiere in Prozenten
	Ajna-tepe	9	25	1	1	36	1 : 3	—	—	2	3	—	1	2	—	—	8	44	81, 81	
	Geoksjur 7	5	20	2	—	27	1 : 4	—	—	1	2	—	—	2	—	—	5	32	84, 37	
	Mullali-tepe	3	10	3	1	17	1 : 3	—	—	1	3	—	1	—	—	—	5	22	77, 26	
	Akča-tepe	5	34	2	1	42	1 : 7	—	—	3	8	—	—	—	—	2	1	14	56	75	
Geoksjur	Geoksjur 1	7	79	—	3	89	1 : 11	3	4	1	2	—	2	—	—	—	—	12	101	88, 12	
Indiv. zusammen		40	233	14	7	294		6	5	10	23	2	4°	4	1	2	1	58	352		
Gattungen der Haus- und wilden Tiere von der jeweiligen Gesamtzahl in Proz.		14	79	5	2	100		10	9	18	39	3	7	7	2	3	2	100			
Gesamtzahl der Tiere in Proz.						84						16							100		

Tabelle 1. Tiere in der Geoksjur-Oase (nach Indiv.)

Zeitstufe	Fundort	Haustiere						Wilde Tiere							Gesamtzahl der Knochen von Haus- und wilden Tieren	Prozentzahl der Haustierknochen von der Gesamtzahl
								Steppe			Auen-wald					
		Rinder	Kleinvieh	Schwein	Hund	Gesamtzahl der Knochen	Verhältnis der Knochenzahl von Rind- u. Kleinvieh	Pferd (Kulan)	Džejran (Gazelle)	Buchara-Hirsch	Eber	Fuchs	Vogel	Gesamtzahl der Knochen		
Jalangač	Ajna-tepe	409	413	7	2	831	1 : 1	21	3	1	8	—	—	33	864	96
	Geoksjur 7	162	341	11	—	514	1 : 2	4	3	—	8	—	—	15	529	97
	Mullali-tepe	37	89	14	1	141	1 : 2	9	4	1	—	—	—	14	155	91
	Akča-tepe	134	663	11	1	809	1 : 5	45	16	—	—	7	1	69	878	92
Gesamtzahl der Knochen		742	1506	43	4	2295		79	26	2	16	7	1	131	2426	
Prozentsatz der Gattungen von der Gesamtzahl der Haus- und wilden Tiere		32, 33	65, 62	1, 87	0, 18	100		60, 3	20	1, 52	12, 21	5, 34	0, 76	100		
Gesamtzahl der Tiere in Proz.						94,6								5,4	100	

Tabelle 2. Tiere in der Geoksjur-Oase (Knochenfunde)

Die Bevölkerung der Geoksjur-Oase betrieb in gewissem Umfang auch *Jagd.* Gejagt wurden sowohl Tiere der nahe gelegenen Auenwälder als auch solche der waldlosen Steppe. Zu den ersteren gehörten der Nuchara-Hirsch, das Wildschwein und der Hase, zu den zweiten die Gazelle, der Wildesel (Kulan) und die Saiga. Die Fundzahl der Wildtierknochen ist verhältnismäßig hoch; im Durchschnitt machen sie etwa 10% der Gesamtzahl bestimmbarer Einzeltiere aus (Tab. 1 und 2). Dies weist darauf hin, daß der Jagd eine nicht geringe Bedeutung bei der Nahrungsbeschaffung der Bevölkerung der Oase zukam. Die meisten Knochen (etwa 85%) von gejagten Tieren entfallen auf Gazellen und Halbesel. Wie diese schnellfüßigen Tiere erbeutet wurden, ist unbekannt.

Außer den genannten Tieren ist noch das Kamel nachgewiesen (Camelis Bactrianus): Knochen von ihm wurden in der zweiten Bauschicht von Geoksjur-Tepe 1 und in Čong-Tepe gefunden. Aufgrund von Knochenfunden aus Anau und Šach-Tepe, Nordiran, wird angenommen, daß das Kamel am Ende des 2. Jahrtausends v. Chr. domestiziert wurde (Forbes 1955, 189). Tonköpfe von Kamelfigürchen wurden auch in der oberen Schicht des Namazga-Tepe (Namazga V-Stufe = Anfang des 2. Jahrtausends v. Chr.) entdeckt.

Güterherstellung

Töpferei: Am weitestgehend bekannt ist die örtlich hergestellte Keramik. Inwieweit bei der Zubereitung des Tons (d. h. der unterschiedlichen Magerung, entweder mit organischen Substanzen oder mit Sand, was zu unterschiedlichen Keramikqualitäten führte) bestimmte Eignungen bzw. Zweckmäßigkeiten bekannt waren und berücksichtigt wurden, muß dahingestellt bleiben; jedenfalls wurden Kochgefäße mit Sand gemagert, was sich offenkundig als vorteilhaft erwies. An Herstellungstechniken sind das Ringwulstverfahren für dickwandige Vorratsgefäße bezeugt (Tonwülste bis 8 cm breit), aber auch das Zusammenfügen zweier Teile, so bei dünnwandigen Schalen, daneben das Formen aus einem Stück, wozu ein Formstein verwendet wurde, vor allem üblich bei kleineren Gefäßen. Üblich war dann der Auftrag einer dickflüssigen feintonigen Schicht (Engobe), die eine Abdichtung der Gefäßwandung bewirkte und als Malfläche geeignet war. Zum Malen wurde stets nur *eine* (rötliche) Farbe verwendet; wenn sie auf den Gefäßen dann unterschiedlich erscheint, ist dies eine Folge von Ungleichmäßigkeiten beim Brand. Zum Farbauftragen wurden offenbar langhaarige Pinsel verwendet. Die Brenntemperatur kann nicht sehr hoch gewesen sein (dünnwandige Gefäße im Bruch gleichmäßig, dickwandige Gefäße jedoch in der Bruchmitte schwarz, außen und innen hell). Hinsichtlich der Brenntechnik dürften für die ältere und mittlere Stufe die mächtigen Aschenanhäufungen mit stark verglühten Wänden in Dašlydži-Tepe oberhalb der Häuser III 14 und II 4 für die Existenz von offenen Feuergruben sprechen, in denen die Keramik gebrannt worden war (womöglich bedeckt mit Mist, wie dies aus späteren Zeiten bezeugt ist), anscheinend jeweils eine einzige solche Feuergrube in einer Siedlung.

Stratigraphisch nach der Jalangač-Keramik, für die ebenfalls ein Brand in der angedeuteten Weise vorauszusetzen ist, erscheint am Übergang von der Jalangač- zur Geoksjur-Stufe eine Keramik, die statt mit organischen Substanzen mit feinem Sand und gestoßenem Gips gemagert ist. Die angewandte Brenntemperatur war höher als zuvor, die Engobe qualitätvoller; dennoch ist die Färbung dieser Gefäße nicht gleichmäßig, sondern durch graue bis schwarze Fleckung bei sonst roter Farbe gekennzeichnet. Diese können in einer offenen Feuergrube schwerlich entstehen, sondern sprechen eher für eine Herstellung in einem einfachen Ofen. Die frühesten Töpferöfen in der Geoksjurer Oase — und insgesamt im südwestlichen Mittelasien — kamen in der oberen Schicht von Geoksjur-Tepe 1 zum Vorschein (Sarianidi 1956, 66; 1963, 80 ff.). Sie sind rechteckig, bestehen aus rot gebrannten Ziegeln; der Innenraum ist durch eine Zwischenwand untergliedert, offenbar oben kuppelgewölbt und vorn mit zwei Öffnungen versehen, eine schmale für die Feuerung, eine breitere für die Beschickung. Die in diesen Öfen gebrannten Gefäße waren durch ihre unterschiedliche Entfernung von der Trennwand einer unterschiedlichen Hitze ausgesetzt, so daß ihre Färbung uneinheitlich wurde. Offenbar benutzte man zunächst solche Öfen nur zum Brand von kleinen Gefäßen; große wurden nach wie vor in offenen Feuergruben gebrannt.

Nach V.I. Sarianidi und I.N. Chlopin muß die Frage offengelassen werden, wie es zu Beginn der Spätstufe der Geoksjur-Besiedlung dort zu dieser technischen Neuerung von Töpferöfen gekommen ist. Der Umstand, daß bereits in der Jalangač-Stufe zweigeteilte Rechtecköfen bekannt waren (s.S. 49), die als typologische Vorläufer der späteren Töpferöfen gelten könnten, lassen an die Möglichkeit denken, daß hier eine lokale Technikentwicklung vorliegt. Andererseits ist der Gedanke einer Übernahme von Anregungen aus der Vorgebirgszone und letztlich aus dem vorderorientalischen Raum nicht auszuschließen, selbst wenn bis heute aus dem übrigen Süd-Turkmenistan diesbezügliche Belege nicht bekannt sind.

Die gipsgemagerte Keramik am Ende der Jalangač- und zu Beginn der Geoksjur-Stufe scheint nur eine kurzfristige Erscheinung gebildet zu haben. Die darauf

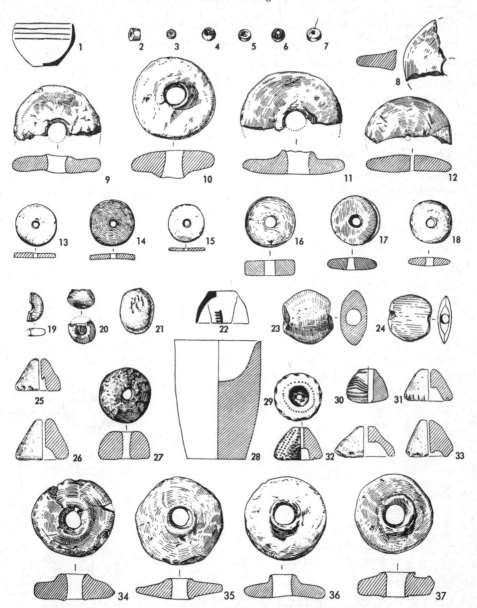

Abb. 23. Keramik (1.22), Steinperlen (2—7.13—20.22.24), Steinmörser (28), Spinnwirtel aus Ton (25—27.29—33), Lochscheiben aus ungebranntem Ton (8—11.33—37) der Jalangač-Stufe von Geoksjur-Tepe 2 (9.11.30.36), Geoksjur-Tepe 3 (1—7.12.14.16.18—24), Geoksjur-Tepe 4 (15.28), Geoksjur-Tepe 6 (8.17.38) und Geoksjur-Tepe 9 (10.13.25—27.29.31—33.35.37).— (Nach I.N. Chlopin).
M. etwa 1:3

folgende Tonware (die typische bemalte Ware der Geoksjur-Stufe) setzt einen Brand in entwickelteren Öfen voraus; wie diese technisch vervollkommneten Öfen im einzelnen aussahen, ist noch unbekannt. Aber es gelang jetzt, hohe, gleichmäßig wirkende Temperaturen zu erzeugen.

Steinverarbeitung: In welchem Umfang die in den Siedlungen der Geoksjurer Oase verwendeten Steingeräte dort aus herangebrachtem Gesteinsmaterial (s. S. 63 f.) hergestellt und in welchem Umfang sie in fertigem Zustand in dieses von Natur aus steinlose Gebiet gebracht worden sind, ist schwer auszumachen. Aus Feuerstein gearbeitet wurden Klingeneinsätze von Erntemessern (Abb. 22) und Spitzen (Abb. 24,6.7.18—22), aus Schiefer und Seifenstein Schalen, Spachtel, Zierstücke (Stempel? Abb. 24,8) und Spinnwirtel, aus Sandstein Stößel, Reibsteine, Grabstockbeschwerer (Abb. 21; 26,15.16.18) und kleine Näpfe, aus weißem, marmorartigem Stein Gefäße und Spinnwirtel (Abb. 23,13—18.27.28.30; 24,3.4; 26, 7—12.17). Perlen wurden gefertigt aus Kalzit, Karneol, Türkis, Achat und Seifenstein (Abb. 23,2—7.23.24; 24,9—17 Bohrung von beiden Seiten).

Textil- und Flechtarbeiten: Aus örtlich gewonnenen Rohstoffen hergestellt wurden Matten aus Stroh, deren Abdrücke belegt sind (Geoksjur-Tepe 1: Sarianidi 1962, 50). Die große Anzahl von Spinnwirtelfunden in den (Abb. 23,25—27.29—33) bezeugt eine hohe Bedeutung der Wollverarbeitung.

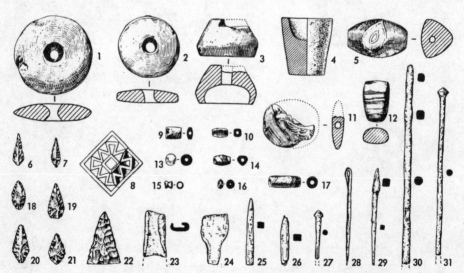

Abb. 24. Gegenstände der Geoksjur-Stufe von Geoksjur-Tepe 1 aus Felsgestein (Spinnwirtel und Mörser 1.2.4), Feuerstein (6.7.18—22). Türkis (5), Achat und Karneol (9—17), Schiefer (Amulett: 8) und Kupfer (23—31). — (Nach V.I. Sarianidi).
M. etwa 1:3

Wollreste selbst sind nie zum Vorschein gekommen, so daß auch über ihre Färbung nichts ausgesagt werden kann. Auch von Webstühlen fehlen unmittelbare Reste. Bei der Wollverarbeitung dürfte ein häkelnadelartiger Knochengegenstand aus Geoksjur-Tepe 9 verwendet worden sein. Möglicherweise steht die Keramikmusterung der Jalangač- und vor allem der Geoksjur-Stufe mit Textilmustern in Beziehung.

Knochenverarbeitung: Aus Tierknochen gefertigt wurden Spachtel, Pfrieme (vermutlich zur Lederverarbeitung verwendet), Schaber und Nadeln.

Metallverarbeitung: Kupfergeräte spielten in den Siedlungen der Geoksjur-Oase eine nicht ganz geringe Rolle (geborgen wurden etwa 40 Stück, davon 10 aus der Jalangač-Stufe: Abb. 25, die übrigen aus der Geoksjur-Stufe: Abb. 24, 23—31, Černych 1962). Auch hier ist fraglich, ob dortselbst eine Verarbeitung von eingeführtem Rohmetall in Betracht gezogen werden darf; konkrete Hinweise lassen sich im Fundstoff dafür nicht namhaft machen. Verarbeitet wurde durchweg nicht gediegenes, sondern geschmolzenes Metall.

Rohstofftransport: Im Bereich der Geoksjur-Oase war Stein und Metall nicht natürlich zu finden; die betreffenden benötigten bzw. begehrten Gegenstände oder Rohstoffe mußten von außerhalb besorgt werden. Steine gab es erst in der Vorgebirgszone und den Höhen des Kopet-Dag. Die in den Siedlungen der Geoksjurer Oase zum Vorschein gekommenen Steingegenstände bestehen aus Arten, die am Kopet-Dag, im Raum von Kaachka-Čaača, natürlich vorkommen, ebenso am linken Ufer des Tedžen-Flusses, 50—70 km südlich von Serachs (d. h. etwa 90 km von der Geoksjur-Oase entfernt). Die zu Perlen verarbeiteten Halbedelsteine (Karneol, Lazurit, Türkis, Chalzedon) dürften aus Chorassan und Badachsan stammen, d. h. aus einer wesentlich größeren Entfernung, ver-

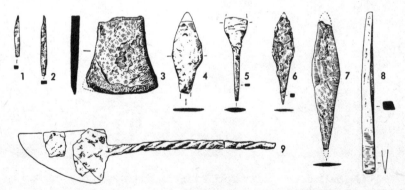

Abb. 25. Kupfergegenstände der Jalangač-Stufe von Geoksjur-Tepe 3 (1—3.6.7), Geoksjur-Tepe 4 (9), Geoksjur-Tepe 7 (4.5.8). — (Nach I.N. Chlopin).
M. etwa 1:3

mutlich meist als Rohstücke, wie die in Geoksjur-Tepe 1 reichlich zum Vorschein gekommenen Stücke und Flintbohrer zeigen. Auch Feuerstein mußte aus der Ferne besorgt werden. Die nächsten Kupferlagerstätten sind in Nordiran bekannt. Inwieweit Fertigware und inwieweit Metallbarren in die Geoksjur-Siedlungen gelangten, ist unbekannt. Zu den eingeführten Gütern gehört auch die polychrom bemalte Feinkeramik von Namazga II-Art, die aus den Siedlungen des Kopet-Dag-Vorlandes stammt. Auf weiterreichende Kontakte deuten einige Muscheln (Gastropoden-Mollusken) hin, die erst im Indischen Ozean natürlich vorkommen und in Jalangač-Tepe sowie in Ajna-Tepe gefunden wurden.

Wie die vorgenannten Güter im einzelnen in die Siedlungen der Geoksjur-Oase gelangt sind, wissen wir nicht. Teils dürfte mit Expeditionen dortiger Bewohner in die betreffenden Rohstoffgebiete gerechnet werden, teils könnte ein Tauschhandel in Betracht gezogen werden, wobei nicht nur an einen unmittelbaren Tausch zu denken ist, sondern auch einen mittelbaren, etwa in Gestalt wechselseitiger Geschenke; teils mögen noch andere Formen des Erwerbs eine Rolle gespielt haben.

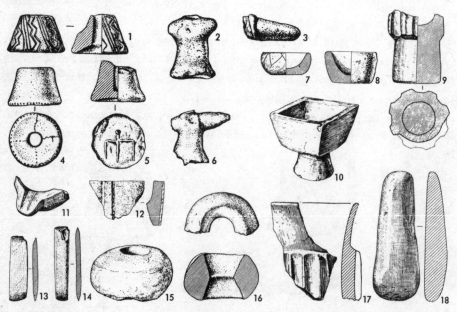

Abb. 26. Gegenstände der Geoksjur-Stufe von Geoksjur-Tepe 1 (1.7—14.16—18) und Geoksjur-Tepe 5 (Čong-Tepe, 2—6.15) aus Ton (1—6) und Stein (7—18).
(Nach V. I. Sarianidi).
M. etwa 1:4

Soziale Verhältnisse

So unstreitig wir davon ausgehen dürfen, daß die gesellschaftlichen Verhältnisse der Geoksjurer Bevölkerung in ihren Siedlungen eine zweckmäßige Ausdrucksform gefunden haben, so schwierig ist es, aus diesen jene oder doch wenigstens einige Züge davon zu erschließen. Zu generellen, in dieser Hinsicht bestehenden Problemen kommen hier solche aufgrund der Erhaltungsbedingungen sowie der Ausgrabungs- und Publikationsweise, die mit Ausnahme von Dašlydži-Tepe nur mehr oder weniger große Ausschnitte der einstigen Siedlungen beurteilen lassen.

Für die der Frühstufe angehörige Siedlung Dašlydži-Tepe (Abb. 10) betonte der Ausgräber mit guten Gründen, daß die erkennbaren, allemal einräumigen Einzelhäuser jeweils von einer Kernfamilie bewohnt gewesen sein dürften. Entsprechend der Ähnlichkeit mit dem Architekturbefund der altneolithischen Siedlung von Džejtun (AVA-Mat. 10 Abb. 24) wird auch hinsichtlich der sozialkundlichen Interpretation für den Dašlydži-Tepe-Befund (Siedlung aus sechs bis acht Häusern bestehend) mit Verhältnissen in der Tradition von Džejtun gerechnet. Vor allem in der ältesten Ansiedlung (Abb. 10, D) ist erkennbar, daß jedes Haus nicht nur einen Herd besaß, daß also die tägliche Speisezubereitung im Familienrahmen erfolgte, sondern daß zu jedem Haus auch ein Hof gehörte, der für das Wirtschaften offensichtlich wichtig war. Entspricht dieser Befund insoweit dem von Džejtun, so weicht von diesem letzteren das exzeptionell große Haus 1 von Dašlydži-Tepe ab, das im Gegensatz zu allen anderen Häusern in zwei Bauschichten übereinstimmend existierte. Der Ausgräber vermutete als Bewohner dieses Hauses (daß es Wohnfunktion hatte, steht fest) eine Familie, die innerhalb der Dorfgemeinschaft sozial herausgehoben war, und bei der sich die Dorfgemeinschaft als Ganzes versammeln konnte. Eventuell könnte es sich dabei um die Siedlungsgründer handeln.

Bei den Siedlungen der Jalangač-Stufe wurden von I. N. Chlopin drei Wohnhaustypen unterschieden (einräumige Häuser mit Herd: Abb. 17,8.12, einräumige Häuser ohne Herd: Abb. 17,1—4, Häuser mit mehreren Räumen, einem Herd und einem rechteckigen Glutbeckenpodium: Abb. 18,4.7) und diese Unterscheidung mit einer sozialen Gruppierung in Verbindung gebracht: Als Bewohner des ersten Typs könnten Kernfamilien mit Kindern angenommen werden; der Eckherd sei Symbol der Familie; in Häusern ohne Herd hätten kinderlose Ehepaare (und Ledige) gewohnt, denen noch kein Herd zugestanden hätte; als Bewohner des dritten Haustyps könnte an bevorzugte Familien gedacht werden, die bestimmte rituelle Aufgaben für die Siedlungsgemeinschaft wahrgenommen hätten. Bei einem vierten Haustyp dieser Siedlungen (Abb. 17,28.29) nahm I.N. Chlopin nicht eine Funktion als Wohnhäuser, sondern eine solche als „Männerhäuser" an, d.h. als Versammlungsplatz von Männern, die damit eine besondere soziale Position zu erringen begonnen hätten. Demgegenüber wurden andere Häuser, in denen Reibsteine, Spinnwirtel und Vorratsgruben angetroffen wurden, Gegenstände weiblicher Tätigkeiten also, als „Frauenhäuser" angesprochen. Noch in einer anderen Hinsicht meinte I.N. Chlopin, eine soziale Differenzierung der Bevölkerung im Verlauf der Jalangač- und Geoksjur-Stufe erkennen zu können: Der Umstand, daß es in der Jalangač-Stufe bemerkenswert große Häuser gab, für die er Versammlungs- und Kultzwecke annahm (z.B. Abb. 5, B 12. C 1), in der Geoksjur-Stufe aber auf dem eponymen Tell ein Raum analoger Funktion (Abb. 2,31) erheblich kleiner ist, führte ihn zum Schluß, daß im Verlauf der Entwicklung der Kult zur Angelegenheit von ‚Spezialisten' geworden sei, die diesen stellvertretend für die anderen Gemeinschaftsmitglieder vollzogen hätten. Allgemein wird vorausgesetzt, daß hinter der durch dicht aneinandergereihte, vielräumige Häuser an engen Gassen gekennzeichneten Bauweise der obersten Siedlung von Geoksjur-Tepe 1 (Abb. 2) „eine veränderte Gesellschaftsstruktur" stehe (Chlopin 1964, 151f.), ohne daß näherhin angegeben würde, inwiefern diese aus jener erschlossen werden kann. Auch ist im Blick auf die Ausgrabungsbefunde nicht erkennbar, wie die lapidare Feststellung, daß „die matriarchale Gentilordnung die weitere Entwicklung zu hemmen begann" (a.a.O.), begründet zu werden vermag.

Die Ausgräber und überhaupt die sowjetische Forschung haben bei der Interpretation der Siedlungsbefunde in der Geoksjur-Oase beträchtliche Anstrengungen unternommen, um herauszufinden, wie diese Gruppen bzw. deren einzelne Stufen sich zu der prinzipiell vorausgesetzten Entwicklung einer matriarchalen in eine patriarchale Gesellschaftsordnung verhalten dürften (Kuftin 1956; Masson 1956, 242; 1957a, 160; 1957b, 42; 1959b, 15; 1961, 386.198; 1962a, 169ff.; Chlopin 1961a, 196ff.; 1964, 142ff.; Sarianidi 1961, 299.234; 1962, 17). Daß die Einzelsippen mutterrechtlich strukturiert gewesen seien, größere Familienverbände jedoch patriarchalisch, gilt aufgrund „zahlreicher ethnographischer Beispiele und sich daraus ergebender allgemein-theoretischer Schlüsse" (Chlopin 1964, 145) für ausgemacht. Wenn man jedoch den hier angesprochenen ethnographischen Verhältnissen der Neuzeit für die Beurteilung der Befunde in den neolitischen Siedlungen der Geoksjur-Oase keine unmittelbare Beweiskraft, sondern nur den Wert von Interpretationsmodellen zuerkennt, so lassen sich aufgrund der archäologischen Befunde schwerlich einleuchtende Argumente für eine Beantwortung der Frage beibringen, welche soziale Position in diesen Gemeinschaften näherhin die Frau und welche der Mann einnahm, oder sogar, welche Wandlung sich in dieser Hinsicht im Verlauf dieser Siedlungsgruppe gegebenenfalls vollzogen hat.

Aber auch die oben referierten sozialkundlichen Interpretationen der Jalangač- und Geoksjur-zeitlichen Siedlungsbefunde durch I. N. Chlopin müssen mit kritischen Vorbehalten aufgenommen werden. Wir werden ihnen schwerlich den Wert annehmbarer Hypothesen zubilligen können; es sind reine Mutmaßungen, die in dieser Form eigentlich nicht geeignet sind, die Bemühungen um eine sozialkundliche Interpretation der Befunde zu fördern, sondern diese doch wohl in eine Sackgasse führen. Solange über das funktionale Verhältnis der einzelnen Herd- und Ofenformen zueinander, aber auch die Zuordnung von Wirtschaftsanlagen zu Wohnhäusern keine hinreichende Klarheit besteht, zudem im Grunde ganz offenbleiben muß, inwieweit kultische Aspekte sich verselbständigt hatten bzw. mit anderen Bereichen des Lebens und Wirtschaftens verbunden waren, sollte man bei der sozialkundlichen Interpretation bestimmter Hausformen zurückhaltend sein und bedenken, daß es sehr wohl Wandlungen und Entwicklungen im Bauen gegeben haben kann, die ihre Begründung oder Auswirkung nicht in einer Wandlung der Sozialstruktur hatten. Daß im Verlauf der Besiedlung der Geoksjur-Oase Veränderungen in den Gesellschaftsformen erfolgt sind, kann gewiß nicht ausgeschlossen werden (jedenfalls berechtigen die archäologischen Befunde zu einer solchen Schlußfolgerung nicht); aber einigermaßen beweiskräftige Anhalte für die Annahme einer sich verstärkenden sozialen Differenzierung der Geschlechter (über die naturgegebenen und von daher auch zuvor vorauszusetzenden Unterschiede im Haushalt und im Wirtschaften hinaus), aber auch bestimmter Gruppen von ‚Spezialisten' (über das durch besondere Neigungen und Fähigkeiten bedingte, auch zuvor vorauszusetzende Tun einzelner innerhalb der Gemeinschaften hinaus) lassen sich in den Ausgrabungsbefunden m. E. nicht erkennen.

Bestattungen

Gräber der Dašlydži- und der Jalangač-Stufe sind in der Geoksjur-Oase nicht zum Vorschein gekommen. Da Bestattungen dieser Zeit aus anderen Gegenden Süd-Turkmeniens durchaus bekannt sind (Anau, Kara-Tepe bei Artyk, Namazga-Tepe), wurde von I.N. Chlopin (1964, 166) erwogen, daß entweder außerhalb der Tells gesonderte Friedhöfe bestanden haben könnten, die heute unter mächtigen Alluvialschichten begraben und in diesem Wüstengebiet schwer aufzuspüren seien, oder daß die Oasenbevölkerung während dieser Zeitspanne ihre Toten in ihre Herkunftsgebiete im Kopet-Dag-Vorland gebracht und dort an traditionellen Plätzen beigesetzt hätte.

Aus der letzten Stufe der Besiedlung der Geoksjur-Oase liegen Bestattungen von Geoksjur-Tepe 1 und von Čong-Tepe vor (Sarianidi 1965, 14 ff.). Vom letzteren Platz stammen drei beigabenlose Beisetzungen in einfachen Grabgruben, die an einem nicht von Häusern bestandenen Teil des Tells ausgehoben worden waren. Durchweg fanden sich die Skelette in Hockerstellung, den Kopf im Süden bis Südosten.

Von Geoksjur-Tepe 1 stammen 34 Gräber, die bis auf ein wohl späteres in die Zeit der Besiedlung gehören. Zwei Kindergräber kamen in Schicht 4 zutage; neun Gräber lagen etwas abseits der Wohnhäuser, aber in der Kulturschicht. Stets waren die Beine angezogen; rechts- oder linksseitige Körperlage (erstere 7mal belegt, letztere 12mal) kommen ebenso vor wie Rückenlage (4mal festgestellt). Etlichemal waren die Grabgruben mit einer Ziegelauskleidung und Schilfmatten versehen. Nur zweimal konnten Grabbeigaben festgestellt werden: Tierknochen und ein bemaltes Tongefäß mit einer Tonperle.

Eine rechteckige Ziegelkammer (A) enthielt vier Beisetzungen, eine Rundkammer (B) deren acht, eine weitere Rundkammer (C) deren sechs und eine weitere (E) deren fünf (Abb. 27,2—5). Verwendet wurden Ziegel folgender Größe: 41×26×10 cm sowie 43×27×12 cm. Über die Ausdehnung der aus diesen Kam-

---

Abb. 27. Gräber der Geoksjur-Stufe von Geoksjur-Tepe 1. Lage der Tholoi (1), Grundriß und Profil der Tholoi A—E (2—5) sowie Funde aus Tholos A (6—10.15.17—19), Tholos C (11.16.21), Tholos E (12—14.22—26) und Tholos B (20). — (Nach V.I. Sarianidi). 6—20 M. etwa 1:2

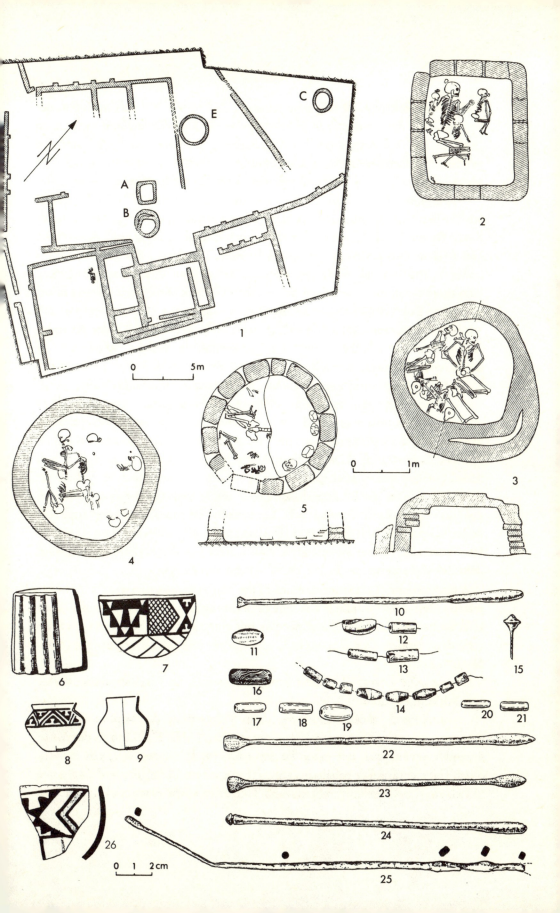

mern mit Kollektivbestattungen bestehenden Nekropole läßt sich angesichts der Begrenzung der Ausgrabungsfläche keine klare Vorstellung gewinnen (Abb. 27,1). Nach dem Ausgräber V.I. Sarianidi wurden diese Ziegelkammern auf der Oberfläche errichtet; sie standen ursprünglich frei; erst später wurden sie von Siedlungsschutt bedeckt und gerieten so unter die Oberfläche.

Grabkammer A war bis zu einer Höhe von 50 cm erhalten. Die Sohle bestand aus einer strohgemischten Lehmschicht. Von den vier Bestattungen war eine ein Kind; die zweite ein Erwachsener mit einem kleinen Gipsgefäß in der rechten Hand, einer Gipsperle am Becken und einem Tongefäß beim Nacken; etwas höher lagen Reste eines weiteren Kinderskeletts mit einer Kupfernadel am Unterkiefer und einer bemalten Schale beim Nacken. Das vierte Skelett besaß eine lange Kupfernadel an der Schulter, zwei Gipsperlen und vor dem Gesicht ein bemaltes Gefäß (Abb. 27,6—10.15.17—19). In der NO-Ecke der Kammer fand sich ein Tierknochen. Der Ausgräber vertrat die Ansicht, zuerst seien die drei Kinder beigesetzt worden und dann der Erwachsene, wobei die Reste der Kinder teilweise in ihrer ursprünglichen Lage verändert worden seien.

Grabkammer B war kraggewölbt. Zwei in der Mitte gleich ausgerichtete Beisetzungen lagen übereinander, durch eine dünne Schicht voneinander getrennt; zwischen ihrer Niederlegung ist eine nicht geringe Zeitspanne zu veranschlagen. Die anderen fünf Skelette zeigen Anzeichen einer Störung. Die zuletzt niedergelegte Bestattung fand sich in der inzwischen angewachsenen Erdfüllung unmittelbar unter der Kammerdecke. Die in dieser Kammer Beigesetzten waren mit einer Ausnahme Frauen, z.T. Greisinnen. Beigaben besaß lediglich ein Mann (Gipsperle Abb. 27,20 und Tierkiefer). Dieser und eine etwa 18jährige Frau waren die zuletzt Beigesetzten; abweichend von den anderen lagen sie auf dem Rücken und hatten die Hände auf das Becken gelegt.

In *Grabkammer C,* die nur in einer Höhe von zwei Ziegellagen erhalten war, waren zuerst wohl ein Mann und eine Frau beigesetzt worden, nach einiger Zeit zwei Frauen in Hockerstellung, die eine mit einer bemalten Schale ausgestattet; außerdem fanden sich eine Achat-, eine Gips- und eine Lazuritperle (Abb. 27,11.16.21).

Grabkammer D war gleichfalls rund und vermutlich kragkuppelüberwölbt, aber schlecht erhalten.

Grabkammer E, abseits der übrigen, am Südwestrand der Siedlung gelegen, war nur noch in der untersten Ziegellage erhalten (Abb. 27,5). Ein in der Mitte liegendes Skelett war mit einer langen Kupfernadel ausgestattet, ein zweites (noch fragmentarischer erhaltenes) Skelett mit einem Bleigegenstand und einer Nadel, ein Kinderskelett mit Stein- und Tonperlen sowie einer Nadel. Von älteren Bestattungen stammen u.a. vier Schädel, eine Nadel und bemalte Keramik (Abb. 27,12—14.22—26).

Bei der anthropologischen Bestimmung der Schädel aus diesen Geoksjur-Gräbern (Trofimova 1961) wurden Unterschiede zu anderen frühen Schädelfunden Turkmenistans hervorgehoben sowie Verwandtschaftszüge mit mesopotamischen Schädeln dieser Zeit. Von den Skeletten, deren Geschlecht bestimmbar war, waren 11 weiblich, 3 männlich. Kinder sind mit insgesamt 26% vertreten, Erwachsene mit 53%.

Daß die ziegelgemauerten Rundkammern der späten Geoksjur-Stufe als Sepulkralanlagen erbaut worden sind, wird vom Ausgräber für ebenso sicher gehalten wie die Tatsache, daß sie typologisch in einer Tradition von älteren Rundbauten der Geoksjur-Oase stehen, die eine andere Funktion hatten (s.S. 49). Weiterhin darf davon ausgegangen werden, daß sowohl die obertägige Sichtbarkeit dieser Grabmonumente — gleicherweise der runden wie der viereckigen — als auch die Kollektivbestattungssitte mit vorderasiatischen Sepulkraldenkmälern des 3. Jahrtausends zu vergleichen sind, nicht nur chronologisch, sonden auch hinsichtlich der darin zum Ausdruck kommenden Bestattungs- und Totenopferformen.

Kultische Anlagen und Befunde

Die sowjetischen Ausgräber der Siedlungen in der Geoksjur-Oase hoben den religiös-kultischen Aspekt von Baubefunden, der Figuralplastik und gewisser anderer Gegenstände und Zeichen hervor, dem aufgrund der großen Anzahl diesbezüglicher Zeugnisse für die Gesamtbeurteilung dieser Kultur und Lebensform ein beträchtliches Gewicht beigemessen werden müsse. I. N. Chlopin unternahm sogar den Versuch, diese Zeugnisse im Hinblick auf die in ihnen zum Ausdruck kommenden Vorstellungen und Absichten zu interpretieren und, davon ausgehend, die Bedeutung dieses religiös-kultischen Aspektes für das kulturelle und soziale Leben dieser Gemeinschaften zu erhellen. Daß dabei nicht zwischen Religion und Magie unterschieden wurde, ist zwar entscheidend für die allgemeine Einschätzung dieser Lebensdimension; wir können dies jedoch hier übergehen, da uns zunächst und vor allem an der kritisch-archäologischen Beurteilung, Klassifizierung und die Fundverhältnisse berücksichtigenden Erhellung der diesbezüglichen Zeugnisse gelegen ist.

Bei den Architekturresten ging I. N. Chlopin (1964, 142 ff.) von der Annahme aus, daß gewissen Herdformen keine Funktion für die Speisezubereitung zuzuerkennen sei: nämlich rechteckigen, von Lehmwülsten umrandeten zweigeteilten Flächen, die frei, d. h. nicht an eine Wand grenzend, wenngleich nie in der Mitte eines Raumes liegen (Abb. 4, B 5; 5, B 1; 6,7; 8, III 4), sowie runden, gleichfalls mit einem Randwulst versehenen Lehmsockeln bzw. -scheiben, mitunter mit Mittelloch, die in der Mitte eines Raumes zu liegen pflegen (Abb. 20; 2,31; 7,10.33.29.21.52). Statt eines „profanen" Gebrauches wurde bei ihnen ein ausschließlich „kultischer" in Betracht gezogen, d. h. die Deutung als Stätte, wo Opfer verbrannt worden wären. Daraus wurde dann weiter geschlossen, daß die betreffenden Räume bzw. Häuser keine Wohnhäuser, sondern ausgesprochene Kultanlagen gewesen seien, mit den daraus sich ergebenden Konsequenzen (Priester als einer auch sozial abgesonderten Klasse). Einen weiteren Schritt meinte Chlopin gehen zu dürfen: Aus der Tatsache, daß einige solche „Kulträume" in der Jalangač-Stufe (Abb. 5, B 1; 6,7) größer seien als ein solcher Raum in der zeitlich folgenden Geoksjur-Stufe (Abb. 2,31), folgerte er, zunächst hätten viele Menschen an den Opferhandlungen teilgenommen, d. h. der Kult sei ein Agieren der Siedlungsgemeinschaft als Ganzes gewesen, während später an diesem Kultvollzug nur einige wenige, eben eine abgesonderte Priesterschaft, beteiligt gewesen seien, die dies stellvertretend für die übrige Siedlungsgemeinschaft besorgt hätten.

Zwar hat sich im Bereich der frühen Hochkulturen in eben dieser Zeit eine Entwicklung vollzogen, bei der ausgesprochene Tempel und ausgesprochene Priesterschaften entstanden, indem der religiös-kultische Aspekt, der während des Neolithikums mit anderen Äußerungen des wirtschaftlichen, sozialen und kulturellen Lebens verwoben war, sich stärker von diesen absonderte und ein Eigenleben zu entfalten begann. Von daher ist es gewiß naheliegend und heuristisch berechtigt, diese vorderorientalisch-hochkulturelle Entwicklung bei der Interpretation der Befunde in den Siedlungen der Geoksjurer Oase als mögliches Beurteilungsmodell mit zu berücksichtigen. Tut man dies in der zu fordernden methodischen Weise, indem jene vorderorientalisch-hochkulturellen Erscheinungen nicht vorschnell auf die südturkmenischen Befunde übertragen, sondern nur als Modelle gewertet werden, deren Übertragbarkeit anhand der vorliegenden Befunde geprüft (oder verworfen) werden muß, so kann eigentlich kein Zweifel darüber bestehen, daß für die Berechtigung einer Anwendung dieses Interpretationsmodells auf die Siedlungsbefunde in der Geoksjur-Oase keine einigermaßen aussagekräftigen oder gar überzeugenden Anhalte namhaft gemacht werden können. Es ist nicht einzusehen, weshalb die Räume der Jalangač-Stufe mit den oben beschriebenen Feuerstellen nicht auch eine Funktion als Wohnhäuser gehabt haben sollten. Welche Ursachen sozialer oder sonstiger Art hinter der Unterschiedlichkeit mehrerer nebeneinander bestehender Wohnhaustypen stehen, läßt sich einstweilen nicht befriedigend klären. Diese Unklarheit (d.h. die Unmöglichkeit einer anderen, besseren Deutung) kann nicht die Berechtigung dafür sein, der Erklärung als explizite Kulträume den Wert einer akzeptablen Hypothese zuzuerkennen. Vielmehr haben wir allen Grund, die kultischen Aspekte der Häuser der Geoksjur-Oase prinzipiell so zu beurteilen wie allgemein in neolithischen Siedlungen, bei denen eine Verselbständigung dieses Vorstellungs- und Aktionskreises aus dem allgemeinen Sozialverhalten und Wirtschaften noch nicht *die* Ausprägung wie in den frühen Hochkulturen besessen hat. Daß der Herd als Stätte täglicher Nahrungsbereitung und des winterlichen Wärmens eine Stelle kultischer Verrichtungen und religiöser Vorstellungen war, wird (analog anderen neolithischen Kulturen) beleuchtet durch Fragmente von Tonstatuetten, die sich in einigen Öfen bzw. Herden eingemauert fanden (Häuser 16 und 19 der zweiten Bauschicht von Jalangač-Tepe). In dieselbe Richtung weist auch die Tatsache, daß die charakteristische Form des Rundherdes mit Mittelloch (Abb. 20) in Ton verkleinert nachgebildet wurde

(Abb. 32,19), offensichtlich vergleichbar den beiden anderen Hauptthemen, die des Nachbildens für wert gehalten wurden: Menschen und Tiere (s. unten). Daß Herde und Öfen in dieser Vorstellung und Absicht nachgebildet wurden, ist aus vielen neolithischen Kulturen bekannt. Dabei konnte der rituelle Charakter des Herdes so stark in den Vordergrund treten, daß im einzelnen Fall die „profane" Funktion überdeckt wurde. So zu verstehen ist eventuell das Vorkommen eines Rundherdes im Zentrum eines Rundhauses von Geoksjur-Tepe 7 (Abb. 9,1); sofern solche Rundbauten als Speicher zu deuten sind (s. S. 51), könnte dieser Rundherd als Hinweis auf einen kultischen Aspekt der Vorratsspeicherung (etwa vor der Einbringung einer neuen Ernte) gewertet werden, wie dies in anderen neolithischen Kulturen (und auch in den frühen Hochkulturen) bezeugt ist (vgl. Hdb. d. Vorgesch. II 336).

Außer den Herden und Öfen sind von den Häusern der Geoksjur-Oase aufgrund der Erhaltungsbedingungen kaum Einzelheiten bekannt, die in rituellem oder symbolischem Sinn interpretiert werden könnten. Nur bei einem Haus von Jalangač-Tepe (unterhalb des Hauses Abb. 5, C 1) war an der Eingangsseite auf der Wand ein Lehmrelief in Form eines liegenden E mit insgesamt 15 Eintiefungen erhalten (Abb. 32,20). I. N. Chlopin unterstrich, daß es sich hier nicht um ein bloßes Ornament handeln könne, daß diesem Zeichen vielmehr eine symbolische Bedeutung eigen sein müsse. Zu deren Erhellung verwies er auf ein ähnliches Dreizackzeichen auf einem Spinnwirtel von Čong-Tepe (Abb. 26,5) und von da aus auf anthropomorphe Darstellungen wie Abb. 15,20, bei denen auch zwei herunterhängende Arme und der Körper eine Dreizackfigur ergeben. Als Stütze dieser typologischen Verknüpfung wurde noch darauf hingewiesen, daß die fünfzehn runden Eintiefungen jenes Wandreliefs den fünfzehn Kreismotiven der Statuetten Abb. 29,1 von eben diesem Tell entsprechen (Chlopin 1964, 161). Ohne zu bestreiten, daß in dieser Kultur die Menschengestalt sehr schematisch, fast geometrisch-abstrakt angedeutet werden konnte, mutet jenes liegende E-Zeichen doch eigentlich nicht anthropomorph an: Die vollplastischen Menschenstatuetten dieser Kultur zeigen, daß außer dem Kopf vor allem der Leib mit Brust und Unterleib als darstellenswert galt; und wenn die Arme mit dargestellt wurden (Abb. 29,3), dann offensichtlich im Zuge einer allgemein-naturgetreueren Körperwiedergabe, nicht weil den Armen eine erkennbare Bedeutung beigemessen worden wäre. Der Hinweis auf reliefartig dargestellte liegende E-Zeichen auf früheisenzeitlichen Hausurnen Latiums und Etruriens kann natürlich nicht im Sinn einer wie immer gearteten Traditionsverbindung verstanden werden, sondern zeigt nur, daß derartige Zeichen an Häusern als Symbole angebracht sein konnten, ohne als stilisierte Menschen gedeutet werden zu müssen.

Kultische Anlagen und Befunde 75

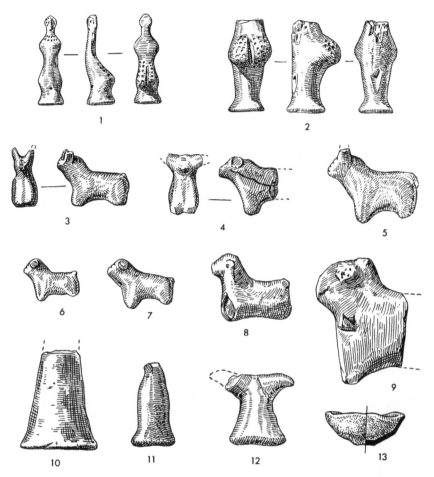

Abb. 28. Menschen- und Tier-Tonfiguren der Dašlydži-Stufe von Geoksjur-Tepe 8 (Dašlydži-Tepe Schicht II und III). — (Nach I. N. Chlopin).
M. etwa 1:3

Unter den religionskundlichen Zeugnissen der Geoksjur-Siedlungen spielen die Menschen- und Tierfiguren eine besondere Rolle, auch wegen ihrer beträchtlichen Anzahl.

An *Menschenfiguren* liegen insgesamt etwa 60 Exemplare vor, bis auf ganz wenige Ausnahmen als mehr oder weniger große Fragmente, überwiegend aus Ton (Abb. 28,1.2; 29,1.3—14; 30,1.2.4—20; 31,1—10; 33; 34), vier Exemplare aus Stein (Abb. 29,2; 30,3). Die aus Ton gefertigten sind zumeist mit einer Schlemmschicht überzogen und gebrannt, oft auch bemalt, die größte 28 cm hoch, die meisten kleiner, in fünf Fällen aber ungebrannt; vermutlich waren diese letzte-

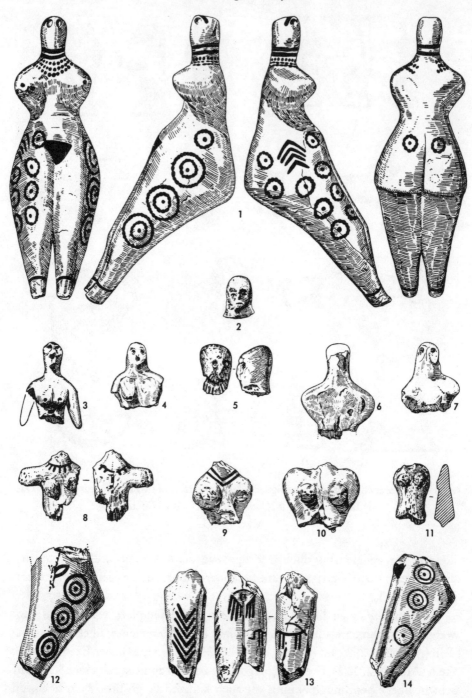

Abb. 29. Bemalte Tonfigur und Fragmente von solchen (1.3—14) sowie von einer Steinfigur (2) der Jalangač-Stufe von Geoksjur-Tepe 1 (5.11), Geoksjur-Tepe 2 (7), Geoksjur-Tepe 3 (1.4.6.9.12—14), Geoksjur-Tepe 4 (8), Geoksjur-Tepe 6 (3.10), Geoksjur-Tepe 9 (2). (Nach I. N. Chlopin). M. etwa 1:3

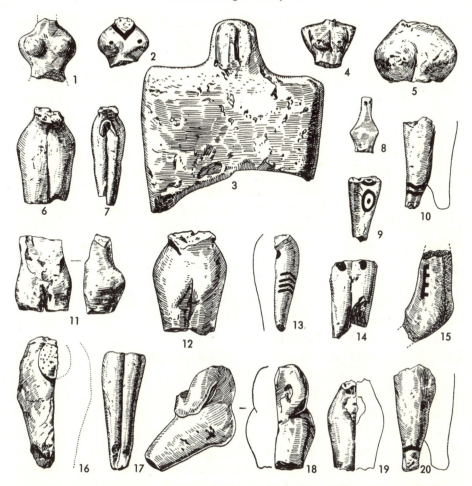

Abb. 30. Fragmente von Stein- (3) und Tonfiguren der Jalangač-Stufe von Geoksjur-Tepe 1 (4), Geoksjur-Tepe 3 (1—3.5.8—10.13.15.20), Geoksjur-Tepe 4 (7.12.14.16.17), Geoksjur-Tepe 6 (18), Geoksjur-Tepe 7 (11), Geoksjur-Tepe 9 (19). — (Nach I. N. Chlopin). M. etwa 1:3

ren prozentual einst wesentlich zahlreicher, da bei ihnen die Erhaltungsbedingungen viel schlechter sind als bei den Terrakottafiguren. Wenngleich angesichts des fragmentarischen Erhaltungszustandes vieler Stücke nur schwer der Formenbestand als Ganzes zu überblicken ist, bestehen doch offensichtlich typologische Unterschiede im Figurenbestand der drei Zeitstufen (Dašlydži-, Jalangač- und Geoksjur-Stufe). Ob diese typologischen Unterschiede jedoch außer dem darin zum Ausdruck kommenden Gestalt- und Stilwandel analog den Veränderungen in der bemalten Keramik dieser drei Zeitstufen eine Wandlung des Bedeutungsspektrums, der Vorstellungen und Darstellungsabsichten widerspiegeln, läßt sich nicht ergründen; einigermaßen überzeugende Anhalte für eine solche Annahme sind jedenfalls nicht erkennbar. So gesehen können wir hier die anthropomorphen Figuren der Geoksjurer Siedlungen im Hinblick auf ihre Bedeutung zusammen ins Auge fassen. Da ist zunächst festzustellen, daß offensichtlich ausnahmslos Frauen dargestellt wurden, wobei diese Kennzeichnung durch Wiedergabe unterschiedlicher Körpermerkmale erfolgen konnte: Brüste, Hüften, Gesäß, Oberschenkel, Schamdreieck. Auch die mitunter durch Bemalung angedeuteten Halsschmuckstücke (Abb. 29,1.8) dürften in diese Richtung weisen und überdies dafür sprechen, daß den Dargestellten eine gewisse Festlichkeit eigen sein sollte (ob auch der Scheibenbesatz bei Abb. 29,1.12.14; 30,9.14 so zu interpretieren ist, muß dahingestellt bleiben). Mitunter legt die Darstellungsart bestimmter Körperteile oder anderer Details die Annahme nahe, daß damit nicht nur die allgemeine Kennzeichnung als Frau, sondern spezielle Anliegen zum Ausdruck gebracht werden sollten: Das gilt für die Brüste bei Abb. 29,1, die so dominierend sind, daß auf eine Wiedergabe von Armen selbst als Stummel ganz verzichtet wurde, aber auch den vorquellenden Leib dieser Figur, augenfällig Hinweise auf Schwangerschaft und Mutterschaft; unterstrichen wird dies durch Figuren wie Abb. 34,26, bei der zwischen den Brüsten ein kleines Kind dargestellt ist. Bei dem Fragment Abb. 34,1 dürfte die nach oben gerichtete Stellung des Gesichtes beabsichtigt sein, indem damit ein in die Höhe gehender Blick ausgedrückt wurde. Nicht sicher scheint indes bei dem Fragment Abb. 30,18 die Ausarbeitung des Armes eine bestimmte Geste, d. h. die Lage der Hände am Körper, ausdrücken zu wollen; falls bei dem Torso Abb. 34,18 unter den Brüsten wirklich gespreizte Hände gemeint sein sollten, die zu abgebrochenen Armen gehört haben, könnte dies als Bestätigung einer solchen Haltungsdarstellung gewertet werden. Was die allgemeine Körperhaltung der Figuren anlangt, so gibt es einige wenige, die auf einer ebenen Unterlage stehen können (Abb. 28,1.2); im übrigen ist dies bei einer gestreckten Körperhaltung nicht möglich (bzw. beabsichtigt); bei einer leichten Körperwinklung (Abb. 29,1) ist indes auch nicht an ein regelrechtes Sitzen gedacht. Vermutlich waren diese Figuren überhaupt nicht dazu bestimmt, irgendwie zur Schau gestellt zu werden; bei ihnen kam es vielmehr auf ihre Anfertigung als solche und auf ihre Deponierung sowie auf bestimmte damit verbundene Gedanken, Glaubensvorstellungen, Hoffnungen, Wünsche und Absichten an. Daß dabei auch solche magischer Art eine Rolle spielten, wird man voraussetzen dürfen. Primär sind diese Figuren jedoch wohl als Zeugnisse religiöser Art anzusehen, d. h. als Vergegenständlichung von Gebeten, und erst sekundär als deren Entartungserscheinung, nämlich von Zauberabsichten. Daß wir in all diesen Figuren Abbilder sterblicher, realer Menschen vor uns haben, nicht etwa anthropomorphe Darstellungen von Göttinnen oder dgl., dürfte feststehen. Jedenfalls vermag keinerlei Anhalt für diese letztere Annahme namhaft gemacht zu werden.

Einer Deutung bedürfen noch die Zeichen und Figuren, die auf einige Statuetten aufgemalt sind. I.N. Chlopin befaßte sich ausführlich vor allem mit der Figur Abb. 29,1 von Jalangač-Tepe. Er meinte, die fünfzehn Kreismuster als Sonnenzeichen auffassen und mit einem Kalender in Verbindung bringen zu dürfen, wobei er die Figur insgesamt für ein Idol hielt. Abgesehen davon, daß man eine Interpretation im letzteren Sinn grundsätzlich nur in Betracht ziehen sollte, wenn dazu positive Argumente ins Feld geführt werden können, beim Fehlen solcher aber man zunächst an reale sterbliche Menschen denken sollte, mutet die Deutung der Kreismuster als Sonnenzeichen unglaubwürdig an: Die Kreise sind deutlich aus Punkten zusammengesetzt, wirken also kranzartig (anders freilich bei den Figuren Abb. 29,12.14; 30,9), was für Sonnendarstellungen ungewöhnlich wäre. Vergleicht man diese Motive einerseits mit der Punktreihe am Hals dieser Figur, andererseits mit den Eintiefungen an den Schultern der Figur Abb. 34,17 und den Buckeln an derjenigen Abb. 34,27, so wird man bei den Motiven jener Statuette von Jalangač-Tepe doch eher an bestimmte Gegenstände denken wollen, nicht notwendigerweise Schmuck, sondern eventuell Gegenstände, denen eine symbolische Bedeutung zukam. Analoges möchte man bei den Sparrengruppen Abb. 29,1.13 annehmen, bei denen I.N. Chlopin überzeugend an etwas Vegetabilisches dachte. Daß unter den Bildthemen dieser Kultur pflanzliche Motive eine Rolle spielten, erhellt aus den Gefäßmalereien (Abb. 15,16). Ein Blick auf die gleichzeitige Bildkunst des Vorderen Orients läßt erkennen, daß an pflanzlichen Motiven außer Bäumen und Zweigen auch Blüten in Gestalt von Rosetten eine Rolle spielten, einzeln oder gereiht. In diesem Zusammenhang verdient auch die schematische Darstellung eines Capriden auf dem linken Oberschenkel der Figur Abb. 29,13 Beachtung, auf deren rechtem Oberschenkel ein vegetabiles Sparrenmotiv aufgemalt ist.

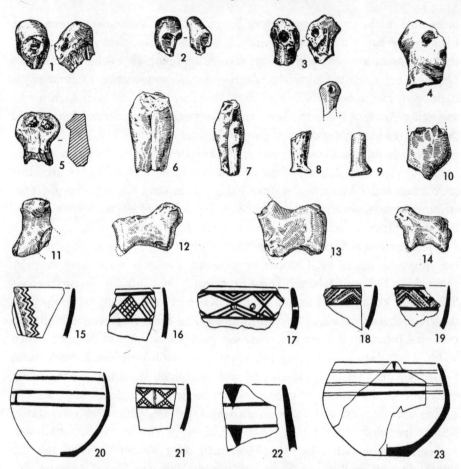

Abb. 31. Fragmente von Menschen- und Tierfiguren aus Ton sowie bemalte Keramik der Jalangač-Stufe von Geoksjur-Tepe 1 (1—3.5.23), Geoksjur-Tepe 2 (6), Geoksjur-Tepe 3 (7.8.10—15.18.20.22.24), Geoksjur-Tepe 4 (9.16.17.21), Geoksjur-Tepe 6 (19), Geoksjur-Tepe 7 (4). — (Nach I. N. Chlopin).
1—14 M. etwa 1:3; 15—23 M. 1:6

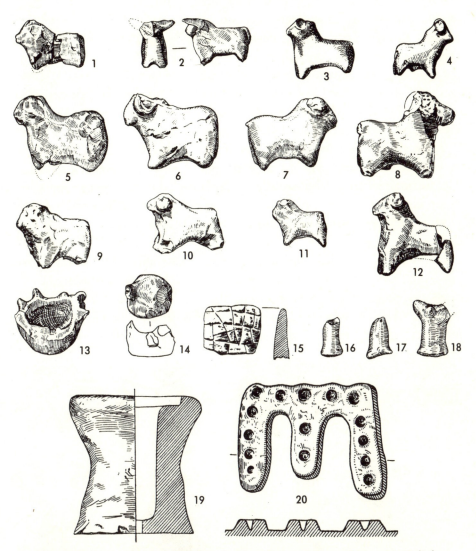

Abb. 32. Tierfiguren, Miniaturgefäß und andere Gegenstände aus Ton sowie Reliefmuster einer Hauswand der Jalangač-Stufe von Geoksjur-Tepe 2 (10), Geoksjur-Tepe 3 (1—3.5—7.9.11.13.14.16—20); Geoksjur-Tepe 4 (4.12), Geoksjur-Tepe 7 (15), Geoksjur-Tepe 9 (8).— (Nach I. N. Chlopin).
1—18 M. 1:3; 19.20 M. etwa 1:8

Wohl nicht gesichert, aber doch recht wahrscheinlich ist, daß die gemalte Darstellung auf dem Statuettenfragment Abb. 33,8 ebenfalls ein vierbeiniges Tier thematisiert, wenn man der publizierten Abbildung Glauben schenken darf, nur das abgeschnittene Hinterteil eines Tieres. An das aufgemalte „Totem"-Tier des dargestellten Menschen zu denken (Chlopin 1964, 161), mutet weit hergeholt an; einleuchtender dürfte die Vermutung sein, daß wir es hier mit der Abbildung eines realen Tieres (bzw. des Teiles eines realen Tieres) zu tun haben, dessen Zugehörigkeit zu der dargestellten Frau für deren gesamtbildliche Wiedergabe wesentlich war. Wenn wir uns an tiertragende (oder ein Tierstück haltende) Menschenstatuetten anderer neolithisch-kupferzeitlicher Kulturen erinnern, bei denen diese Haltung als Opfergeste zu interpretieren ist, sollte etwas Entsprechendes auch bei unseren Figuren der Geoksjur-Oase in Betracht gezogen werden.

Von daher dürften auch die zahlreichen vor allem ungebrannten *Tonfiguren von Tieren* (inwieweit dabei an Rinder und inwieweit an kleine Wiederkäuer zu denken ist, läßt sich schwer entscheiden: Abb. 31,12—14; 32,1—12; 35) zu verstehen sein. Auch bei ihnen mag im einzelnen unsicher sein, wo religiöse Gedanken, Hoffnung, Bitte und Dankbarkeit im Vordergrund standen und wo magi-

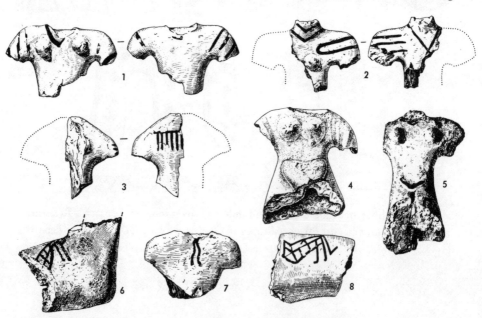

Abb. 33. Fragmente von bemalten Tonstatuetten der Geoksjur-Stufe (Gruppe 1) von Geoksjur-Tepe 1. — (Nach V. I. Sarianidi).
M. etwa 1:3

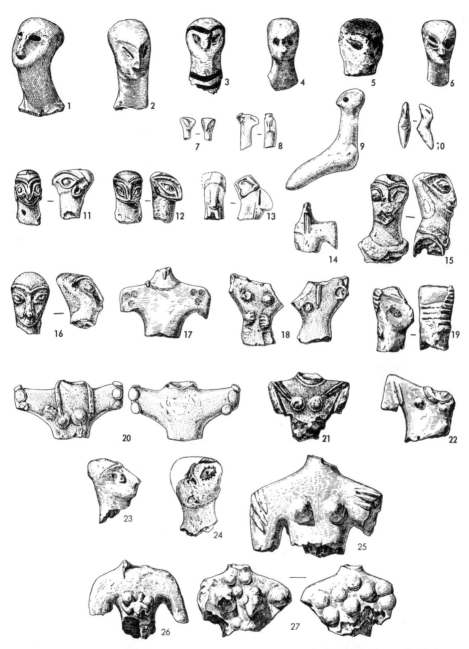

Abb. 34. Fragmente von Tonstatuetten der Geoksjur-Stufe (Gruppe II) von Geoksjur-Tepe 1 (1—11.15—17.19.22—27) und Geoksjur-Tepe 5 (Čong-Tepe, 12—14.18.20.21). (Nach V. I. Sarianidi).
M. etwa 1:3

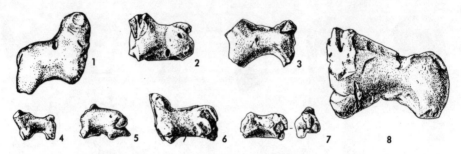

Abb. 35. Tonfiguren von Tieren der Geoksjur-Stufe von Geoksjur-Tepe 5 (Čong-Tepe).
(Nach V. I. Sarianidi).
M. etwa 1:3

sche Absichten des Analogiezaubers. Soviel sollten wir nur bedenken, daß uns nichts zu dem Verdacht berechtigt, die letzteren seien die allein vorauszusetzenden.

I. N. Chlopin (1964, 164 f.) betonte, daß im Rahmen der Religion der Geoksjur-Bevölkerung die Verehrung des Feuers und der Sonne eine wichtige Rolle gespielt habe. Diese Ansicht stützte er auf sonnenförmige Motive der Keramikbemalung (Abb. 15,9) und auf Frauenstatuetten (s. oben) sowie auf die Glutbekken und Podien, auf denen „das geheiligte Feuer" brannte. Daß zwischen Feuer und Sonne eine Beziehung gesehen worden sei, wird aus der Rundform einiger Herde (Abb. 20) und der rituellen Modellnachbildung eines solchen Rundherdes (Abb. 32,19) geschlossen. V. N. Sarianidi (1961, 298; 1962, 48 ff.) zog sogar in Betracht, daß hiermit die für diese Bevölkerung angenommene Sitte der Brandbestattung zusammenhängen würde: Die Totenverbrennung habe in den „Heiligtümern auf den runden Opfertischen" stattgefunden. Zum letztangeführten Gedanken ist festzustellen, daß nirgends bei den unternommenen Grabungen irgendwelche Zeugnisse einer Leichenverbrennung zum Vorschein gekommen sind, so daß es sich um eine reine Vermutung handelt; und welcher Wahrscheinlichkeitsgrad den anderen Erwägungen zukommt, ist schwer abzuschätzen.

Gesamtcharakter der Siedlungen
in der Geoksjur-Oase

Lange — länger als ein Jahrtausend —, nachdem in der Vorgebirgszone nordöstlich des Kopet-Dag eine neolithisch-agrarische Besiedlung eingesetzt hatte, wurde das am weitesten vom Gebirgsrand mit seinen von dort kommenden Flüßchen und den dadurch anbaufähigen Gebieten entfernte damalige Delta des Tedžen-Flusses erstmalig besiedelt. Es geschah dies in einer Schlußphase der Namazga I-Stufe, d.h. während des 4. Jahrtausends v.Chr. Daß diese Erstbesiedlung sich als kolonisierende Landnahme einer Bevölkerungsgruppe aus der Kopet-Dag-Vorgebirgszone, d.h. aus einem höchstens 100 km entfernt gelegenen Gebiet, vollzog, dürfte sicher sein. Die damaligen naturlandschaftlichen Verhältnisse im Tedžen-Delta (von den heute dort herrschenden völlig verschieden) entsprachen offenkundig im wesentlichen denjenigen der übrigen Flußoasengebiete im Kopet-Dag-Vorland: Fruchtbare Anbauflächen konnten nur durch künstliche Bewässerung gewonnen werden.

Anscheinend ließen sich die ersten Siedler (eventuell eine Familie) an einem für die Bewässerung besonders günstigen Platz nieder und begründeten dort die Siedlung Geoksjur-Tepe 1. Wie die beiden Siedlungen Dašlydži-Tepe und Akča-Tepe, deren älteste Schichten (keramisch) in dieselbe Zeit gehören wie diejenige von Geoksjur-Tepe 1, sich in ihrem Beginn tatsächlich zu jener verhalten, d.h. ob diese drei Plätze in ein und demselben Kolonisationsvorgang (etwa durch drei gleichzeitig einwandernde Familien) besiedelt wurden, oder ob Dašlydži-Tepe und Akča-Tepe ihrerseits von Geoksjur-Tepe 1 aus gegründet wurden, läßt sich nicht klären. I.N. Chlopin hielt indes für gesichert, daß Jalangač-Tepe, Ajna-Tepe und Geoksjur-Tepe 7 zu einem späteren Zeitpunkt beginnen und angelegt wurden von überschüssigen Bevölkerungsteilen der älteren Siedlungen der Oase, die sich von ihrem alten Siedlungsverband gelöst hatten, um neues Land zu bebauen. Zuvor war die am weitesten im Norden gelegene Siedlung Dašlydži-Tepe bereits wieder aufgegeben worden, offensichtlich weil der zunächst bis dorthin reichende Arm des damaligen Tedžen-Deltas kein Wasser mehr führte und damit das Land austrocknete. Eine Zeitspanne später wurde — vermutlich aus demselben Grund — Jalangač-Tepe verlassen, wenig später dann Akča-Tepe und Geoksjur-Tepe 7. Derweil waren neue Siedlungen gegründet worden: Mullali-Tepe, Geoksjur-Tepe 9 und Čong-Tepe, ob gleichzeitig oder jeweils in einigem zeitlichen Abstand, läßt sich nicht klären. Die ersteren beiden scheinen wenig später als Akča-Tepe und Geoksjur-Tepe 7 bereits ein Ende gefunden zu haben. Danach blieben nur noch Geoksjur-Tepe 1 und Čong-Tepe besiedelt; nachdem auch der erstere dieser beiden aufgelassen worden war, bestand als einzige Siedlung des einst blühenden Oasengebietes Čong-Tepe. Da die Austrocknung jedoch offenkundig fortschritt und auch trotz aller Anstrengungen (lange Kanalbauten) die Bewässerung der Felder nicht aufrechterhalten werden konnte, mußte auch dieser letzte Siedlungsplatz verlassen werden. Wenn in der unmittelbar folgenden Zeit 18 km weiter südlich die Siedlung Chapuz-Tepe einsetzt, so könnten die sich dort Niederlassenden die ausgewanderten letzten Siedler der einstigen Geoksjurer Oase gewesen sein.

Das so skizzierte Bild der Besiedlungsgeschichte der Geoksjur-Oase ist nicht in allen Zügen gleich sicher. Nur bei Geoksjur-Tepe 1 und dem Čong-Tepe haben stratigraphische Profilschnitte Aufschluß über die gesamte Schichtenfolge erbracht. Die Ausgräber hatten dabei den Eindruck (bzw. gingen von der Annahme aus), daß es sich in beiden Fällen um eine kontinuierliche Belegung handelt. Da indes beidemal die betreffende Untersuchungsfläche nur sehr klein war, so daß über das Verhältnis der Bebauung in den aufeinander folgenden Schichten zueinander eigentlich nichts in Erfahrung gebracht werden konnte, sollte (unter Hinweis auf diesbezügliche Befunde in anderen Gegenden) diese Frage wohl eher als offen bewertet werden. Bei Geoksjur-Tepe 1 wurden zehn Bauschichten festgestellt; der Ausgräber rechnete mit insgesamt etwa achtzehn Siedlungsschichten (s. S. 31); in Čong-Tepe wurden ebenfalls zehn Bauschichten angetroffen. In diesen beiden Tells sowie in Dašlydži-Tepe, Jalangač-Tepe und Mullali-Tepe ergab sich als Durchschnittswert für die Mächtigkeit einer Bauschicht etwa 0,60 m. Unter Zugrundelegung dieses Durchschnittswertes, in Verbindung mit der Höhe der Tells, deren Schichtenfolge nicht durch einen stratigraphischen Schnitt untersucht wurde, gelangte I.N. Chlopin zu einer Vermutung über die Besiedlungsspanne und den relativ-chronologischen Ansatz dieser Tells (Abb. 36). Danach waren jeweils höchstens sechs Tells dieser Oase für kurze Zeit gleichzeitig besiedelt; meist aber waren es nur drei bis fünf, in einer Spätphase nur noch zwei und zu allerletzt sogar nur noch einer, Čong-Tepe, ganz im Süden der Oase.

Ist bereits durch die unvollständige Ausgrabung der neun heute obertägig sichtbaren Tells eine gewisse Unsicherheit hinsichtlich der Gesamtbeurteilung des Besiedlungsverlaufs in dieser einstigen Oase gegeben, so kommt etwas Weiteres hinzu: Vereinzelte Scherbenkollektionen an Stellen, wo kein Tell sichtbar

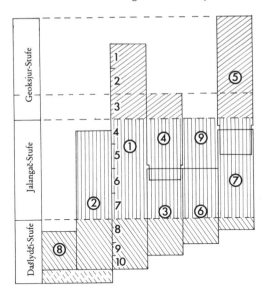

Abb. 36. Rekonstruktionsversuch des Verhältnisses der Besiedlungsdauer auf den Tells der Geoksjur-Oase: 1 Geoksjur-Tepe 1 (mit den Schichten 1—10), 2 Akča-Tepe, 3 Jalangač-Tepe, 4 Mullali-Tepe, 5 Čong-Tepe, 6 Ajna-Tepe, 7 Geoksjur-Tepe 7, 8 Dašlydži-Tepe, 9 Geoksjur-Tepe 9. — (Nach I.N. Chlopin).

ist, deuten an, daß mit weiteren Siedlungsplätzen in diesem Gebiet zu rechnen ist, die jedoch nicht so lange besiedelt waren, als daß sich hätten Tells bilden können. Wir können nicht ermessen, welche Bedeutung diesen kurzfristigen Siedlungen — ihrer Anzahl und Größe nach — für die Besiedlungsverhältnisse dieser Oase zukommt. So wertvoll demnach die Einblicke sind, die uns die Ausgrabungen der Jahre 1956—63 in die Geschichte dieser Siedlungskammer verschafft haben, so sehr müssen wir uns vor Augen halten, daß diese Einblicke ihre Grenzen haben. Vor allem sollten wir dies bedenken, wenn I.N. Chlopin die Vermutung äußerste, daß die Bewohner der ältesten Stufe (Dašlydži-Stufe) einem exogamen Geschlecht angehört hätten, was ihre Bindungen an die Siedler im einstigen Heimatgebiet der Vorgebirgszone gestärkt hätte. Mit einer räumlichen Differenzierung in der Geoksjur-Oase, d.h. der Entstehung mehrerer Siedlungen in einiger Entfernung voneinander, sei dieser ursprünglich exogame Gemeinschaftsverband zerbrochen; es sei ein aus mehreren verwandten Sippen bestehender Stamm entstanden, in dem die Endogamie gegolten hätte.

Bei aller kulturellen Eigengeartetheit der Siedlungen in der Geoksjur-Oase lassen sich durch alle Zeitstufen hindurch Beziehungen mit den südlich und westlich benachbarten Gebieten Süd-Turkmenistans erkennen, am deutlichsten anhand der geometrischen Gefäßbemalung und der Rundbauten der Jalangač-Stufe sowie der kreuzverzierten Keramik der Geoksjur-Stufe, der Kuppelgräber mit Kollektivbestattungen und der Statuetten. Unmittelbare Kontakte mit der Obed-Keramik Mesopotamiens, wie sie zunächst vermutet wurden, sind nicht zu begründen. Insgesamt erweist sich die Siedlungsgruppe der Geoksjur-Oase als äußerste Peripherscheinung des neolithisch-kupferzeitlichen Bereichs vorderorientalischer Agrarkultur.

Bibliographie

K. A. Adykov/V. M. Masson, Altertümer im Zwischenstromland Tedžen-Murgab *(russ.)*, IAN.TSSR.SON. 2,1960.
K. A. Adykov/V. M. Masson, Archäologische Forschungen im Tedžen-Murgaber Zwischenstromland im Jahr 1960 *(russ.)*, DTMM. 1963.
V. V. Artem'ev/S. V. Butomo/V. M. Drožžin/E. N. Romanova, Absolutchronologische Altersbestimmungen nach der Radiokarbon-Methode an zahlreichen archäologischen und geologischen Proben *(russ.)*, SA.1961,2.
L. S. Berg, Geografičeskie zony Sovetskogo Sojuza II (1952).
D. D. Bukinič, Neues über Anau und Namazga-tepe (Übers.), ESA.5,1930.
V. N. Calkin, Vorläufige Untersuchungsergebnisse von Tierknochenresten aus Mullali-tepe und Akča-tepe *(russ.)*, DTMM.1963.
E. N. Černych, Einige Untersuchungsergebnisse von Metall der Anau-Kultur *(russ.)*, KSIA.91,1962.
E. N. Černych, Vorläufige Spektral- und Strukturanalysen des Metalls aus den Siedlungen Geoksjur-und Akča-tepe *(russ.)*, DTMM.1963.
I. N. Chlopin, Grabungen in äneolithischen Siedlungen im Tedžen-Becken *(russ.)*, IAN.TSSR.5.1958.
I. N. Chlopin, Die obere Schicht der Siedlung Kara-tepe *(russ.)*, KSIIMK.76,1959.
I. N. Chopin, Zur Charakteristik des ethnographischen Elements der frühen Ackerbauer Süd-Turkmenistans *(russ.)*, SE.5,1960.
I. N. Chlopin, Einige Fragen zur Entwicklung des frühesten Bauerntums, in: Issledovanija po archeologii SSSR *(russ.)*, LGU.1961.
I. N. Chlopin, Dašlydži-tepe und die äneolithischen Ackerbauer Süd-Turkmenistans *(russ.)*, TJUTAKE.10,1961.
I. N. Chlopin, Plemena rannego eneolita Južnoj Turkmenii (Geoksjurskij oazis) (Diss.), LGU.1962.
I. N. Chlopin, Darstellung des Kreuzes bei den frühbäuerlichen Kulturen Südturkmenistans *(russ.)*, KSIA.91,1962.
I. N. Chlopin, Jalangač-tepe — eine äneolitische Siedlung *(russ.)*, KSIA.93,1963.
I. N. Chlopin, Grabungen auf Jalangač-tepe und Mullali-tepe *(russ.)*, DTMM. 1963
I. N. Chlopin, Pamjatniki rannego eneolita Južnoj Turkmenii I, SAI,B 3–8 (1963).
I. N. Chlopin, Modell eines runden Opfertisches von Jalangač-tepe *(russ.)*, KSIA.98,1964.
I. N. Chlopin, Geoksjurskaja gruppa poselenij epochi eneolita (1964).
I. N. Chlopin, Die Pseudo-Obeid-Verzierung der Keramik in Südturkmenien *(russ.)*, KSIA.101,1964.
I. N. Chlopin, Das Geoksjurer Zierkreuz *(russ.)*, KSIA.108,1966.
I. N. Chlopin, Pamjatniki razvitogo eneolita Jugo-Vostočnoj Turkmenii III, SAI,B 3–8 (1969).
S. A. Eršov, Der Siedlungshügel Jassy-tepe 2 *(russ.)*, IAN.TSSR.6,1952.
I. N. Chlopin, Der Siedlungshügel Čopan-tepe *(russ.)*, TIIAE.AN.TSSR.2,1956.
R. J. Forbes, Studies in Ancient Technology II (1955).
A. F. Ganjalin, Archäologische Denkmäler im Bergland des nordwestlichen Kopet-Dag *(russ.)*, IAN.TSSR.5,1958.
U. Islamov, Neolitičeskaja kul'tura v nizov'jach Zeravšana (Diss.) (1963).
A. V. Kir'janov, Getreidekörner von Mullali-tepe und Chouz-chan *(russ.)*, DTMM.1962.
G. F. Korobkova, Funktionelle Analyse der äneolithischen Flint- und Knochengegenstände *(russ.)*, DTMM.1962.
G. F. Korobkova, dto. *(russ.)*, IAN.TSSR.SON.3,1964.

B.A. Kuftin, Bericht über die Arbeiten der XIV. Abteilung der JUTAKE in 1952 bei der Erforschung der Kultur der urgemeinschaftlichen, ortsfesten bäuerlichen Siedlungen in der Kupfer- und Bronzezeit *(russ.)*, TJUTAKE.7,1956.

G.N. Lisicyna, Vorbericht über die paläogeographischen Arbeiten in den äneolithischen Siedlungen der Geoksjurer Oase *(russ.)*, DTMM.1963.

G.N. Lisicyna, Die Vegetation Südturkmeniens im Äneolithikum anhand paläobotanischer Daten *(russ.)*, KSIA.98,1964a.

G.. Lisicyna, Die ältesten Bewässerungskanäle im Süden Turkmeniens *(russ.)* in: Gidrotechnika i melioracija 9,1964b.

G.N. Lisicyna, Erforschung der Geoksjurer Bewässerungsanlage in Südturkmenien 1964 *(russ.)*, KSIA.108,1966.

G.N. Lisicyna/V.M. Masson/V.I. Sarianidi/I.N. Chlopin, Ergebnisse der archäologischen und paläogeographischen Forschungen in der Geoksjurer Oase *(russ.)*, SA.1965,1.

V.M. Masson, Die Urgemeinschaft im turkmenischen Gebiet (Äneolithikum, Bronzezeit und Früheisenzeit) *(russ.)*, TJUTAKE.7,1956.

V.M. Masson, Džejtun und Kara-tepe *(russ.)*, SA.1,1957.

V.M. Masson, Erforschung des äneolitischen und bronzezeitlichen Mittelasien *(russ.)*, SA.4,1957.

V.M. Masson, Erforschung der Anau-Kulturen 1956 *(russ.)*, KSIIMK.73,1959.

V.M. Masson, Über den Kult der Frauengottheiten bei den Anau-Stämmen *(russ.)*, KSIIMK.73,1959.

V.M. Masson, Das südturkmenistanische Zentrum der frühbäuerlichen Kulturen *(russ.)*, TJUTAKE.10,1961.

V.M. Masson, Kara-tepe bei Artyk *(russ.)*, TJUTAKE.10,1961.

V.M. Masson, Eneolit južnych oblastej Srednej Azii II, SAI,B3—8 (1962).

V.M. Masson, Östliche Parallelen zur Obeid-Kultur *(russ.)*, KSIA.91, 1962.

V.M. Masson, Mittelasien und Iran im 3. Jahrtausend v.Chr. *(russ.)*, KSIA.93, 1963.

V.M. Masson, Srednjaja Azija i Drevnij Vostok (1964).

V.M. Masson, Die Tradition der Kollektivbestattungen im äneolithischen Mittelasien, Afghanistan und Indien *(russ.)*, KSIA.101,1964.

V.M. Masson, Über die Entwicklung der Abwehrmauern in ortsfesten Siedlungen *(russ.)*, KSIA.108,1966.

R. Pumpelly, Explorations in Turkestan I (1908).

R. Pumpelly, Ancient Anau and Oasis-world, in: Prehistoric Civilisations of Anau I (1908).

V.I. Sarianidi, Zur Geschichte der ältesten Töpferei in Südturkmenien *(russ.)*, IAN.TSSR.6,1956.

V.I. Sarianidi, Ein neuer Typ alter Grabbauten in Südturkmenien *(russ.)*, SA.1959,2.

V.I. Sarianidi, Erforschung der Wohnkomplexe in der äneolithischen Siedlung Geoksjur *(russ.)*, KSIMIK.76,1959.

V.I. Sarianidi, Zur Stratigraphie der östlichen Denkmälergruppe der Anau-Kultur *(russ.)*, SA.1960,3.

V.I. Sarianidi, Die äneolithische Siedlung Geoksjur *(russ.)*, TJUTAKE.10,1961.

V.I. Sarianidi, Die Kultbauten in den Siedlungen der Anau-Kultur *(russ.)*, SA.1962,1.

V.I. Sarianidi, Zur ältesten Architektur der äneolithischen Siedlungen in der Geoksjurer Oase *(russ.)*, KSIA.91,1962.

V.I. Sarianidi, Keramische Öfen in den ostanauischen Siedlungen *(russ.)*, KSIA.93,1963.

V.I. Sarianidi, Zemledel'českie plemena jugo-vostočnoj Turkmenii (Diss.) (1963).

V.I. Sarianidi, Grabungen in den Siedlungen der Geoksjurer Oase *(russ.)*, DTMM.1963.

V.I. Sarianidi, Das Geoksjurer Gräberfeld *(russ.)*, in: Novoe v sovetskoy archeologii (1965).

V.I. Sarianidi, Pamjatniki pozdnego eneolita Jugo-Vostočnoj Turkmenii IV, SAI.B3—8 (1965).

V.I. Sarianidi, Grabungen im südöstlichen Karakum 1964 *(russ.)*, KSIA.108,1966.

H.C. Schellenbeg, Wheat and Barley from the North Kurgan, Anau. Prehistoric Civilisations of Anau II (1908).

H. Schmidt, Archeological Excavations in Anau and Old Merv. Prehistoric Civilizations of Anau I (1908).

T.A. Trofimova, Die Bevölkerung Mittelasiens im Äneolithikum und in der Bronzezeit und ihre Beziehungen zu Indien *(russ.)*, Trudy MOIP.14,1964.

T. A. Trofimova, Anthropologische Untersuchungen im äneolithischen und bronzezeitlichen Mittelasien *(russ.)*, KSIE.36,1961.

Verzeichnis der Literaturabkürzungen

DTMM.	Drevnosti Tedžen-Murgabskogo meždureč' ja
ESA.	Eurasia Septentrionalis Antiqua
IAN.TSSR.	Izvestija Akademii nauk Turkmenskoj SSR.
IAN.TSSR.SON.	Izvestija Akademii nauk Turkmenskoj SSR., Serija obščestvennych nauk
JUTAKE.	Južno-Turkmenistanskaja archeologičeskaja kompleksnaja ekspedicija
KSIA.	Kratkie soobščenija Instituta archeologii Akademii nauk SSSR.
KSIE.	Kratkie soobščenija Instituta etnografii Akademii nauk SSSR.
KSIIMK.	Kratkie soobščenija Instituta istorii material'noj kul'tury Akademii nauk SSSR.
LGU.	Leningradskij gosudarstvennyj universitet
LOI A.	Leningradskoe otdelenie Instituta archeologii Akademii nauk SSSR.
MIA.	Materialy i issledovanija po archeologii SSSR.
MOIP.	Moskovskoe obščestvo ispytatelej prirody
SA.	Sovetskaja archeologija
SAI.	Svod archeologičeskich istočnikov (Archeologija SSSR.)
SE.	Sovetskaja etnografija
TIIAE.AN.TSSR.	Trudy Instituta istorii, archeologii i etnografii Akademii nauk Turkmenskoj SSR.
TJUTAKE.	Trudy Južno-Turkmenistanskoj archeologičeskoj kompleksnoj ekspedicii

Materialien zur
Allgemeinen und Vergleichenden Archäologie

1	H. Müller-Karpe, Yangshao	Siedlungen	Neolithikum	Nord-China
2	Th. O. Höllmann, Dawenkou	Gräber	Neolithikum	Ost-China
3/4	R. Kenk, Kudyrgé/West-Tuva	Gräber	Mittelalter	Süd-Sibirien
5	G. u. W. Hecker, Pacatnamú	Stadt	Vorspanische Zeit	Nord-Peru
6	E. F. Mayer, Chanchán	Stadt	Vorspanische Zeit	Nord-Peru
7	P. Kaulicke, Ancón	Gräber	Vorspanische Zeit	Peru
8	O. Rønneseth, Tibesti	Gräber	Vorislamische Zeit	Tschad
9	P. Yule, Lothal	Stadt	Kupferzeit	NW-Indien
10	H. Müller-Karpe, Džejtun	Siedlungen	Neolithikum	Turkmenistan
11	G. A. Fedorov-Davydov, Goldene Horde	Städte	Hochmittelalter	SO-Rußland
12	K. N. Pizchelauri, Ost-Georgien	Heiligtümer	Bronzezeit	Georgien
13	H. Todorova, Nordostbulgarien	Siedlung	Kupferzeit	NO-Bulgarien
14	P. Yule, Tepe Hissar	Siedlung	Neolithikum/Kupferzeit	Nord-Iran
15	J. Říhovský, Lovčičky	Siedlung	Jungbronzezeit	Mähren
16	B. A. Litvinskij, Fergana	Gräber	Antike/Frühmittelalter	Tadžikistan
17	H. Trimborn, Quebrada de la Vaca	Siedlung	Vorspanische Zeit	Süd-Peru
18	G. Kutscher, Moche	Gefäßmalerei	Moche-Zeit	Nord-Peru
19	G. Fussman, Surkh Khotal	Tempel	Kušan-Zeit	Afghanistan
20	H. Müller-Karpe, Swat	Gräber	Jungbronze-, Früheisenzeit	Pakistan
21	M. Dohrn-Ihmig, Rössen	Siedlungen	Neolithikum	Deutschland
22	B. A. Litvinskij, Pamir, Aral-See	Gräber	Eisenzeit	Mittelasien
23	M. P. Grjaznov, Aržan	Grab	Eisenzeit	Süd-Sibirien
24	R. Kenk, West-Tuva	Gräber	Eisenzeit	Süd-Sibirien
25	R. Kenk, Kokel	Gräber	Hunnosarmat. Zeit	Süd-Sibirien
26	H. Ubbelohde-Doering, Pacatnamú	Gräber	Vorspanische Zeit	Nord-Peru
27	Brašinskij/Marčenko, Elisavetovskoje	Stadt	Antike Zeit	Ukraine
28	Litvinskij/Solovjec; Kafirkala	Stadt	Frühmittelalter	Tadžikistan
29	T. Kiguradze, Kvemo Kartli	Siedlungen	Neolithikum	Georgien
30	H. Müller-Karpe, Geoksjur	Siedlungen	Neolithikum/Kupferzeit	Turkmenistan
31	V. Pimentel, Jequetepeque-Tal	Felsbilder	Vorspanische Zeit	Nord-Peru
32	W. Alva, Jequetepeque-Tal	Gefäße	Formativzeit	Nord-Peru
33	W. Alva, Zaña-Tal	Siedlungen	Formativzeit	Nord-Peru
34	W. Alva, Las Salinas	Siedlung	Formativzeit	Nord-Peru
35	I. N. Chlopin, Sumbar-Tal	Gräber	Jungbronzezeit	Turkmenistan
36	L. T. Pjankova, Vachš-Tal	Gräber	Jungbronzezeit	Tadžikistan